Thomas Fröhling

DIE LOTSEN

BERATER DER SCHIFFSLEITUNG

S.W.L
50TON

Thomas Fröhling

DIE LOTSEN
BERATER DER SCHIFFSLEITUNG

Koehlers Verlagsgesellschaft · Hamburg

Fotos: Thomas Fröhling, soweit nicht anders angegeben.

Ein Gesamtverzeichnis unserer lieferbaren Titel schicken wir Ihnen gerne zu.
Bitte senden Sie eine E-Mail mit Ihrer Adresse an:
vertrieb@koehler-books.de
Sie finden uns auch im Internet unter: www.koehler-books.de

Bibliografische Information der Deutschen Nationalbibliothek
Die Deutsche Nationalbibliothek verzeichnet diese Publikation in der Deutschen Nationalbibliografie; detaillierte bibliografische Daten sind im Internet über http://dnb.d-nb.de abrufbar.

ISBN 978-3-7822-1078-2
Koehlers Verlagsgesellschaft, Hamburg

Produktion: Inge Mellenthin

Druck und Bindung: DZS Grafik, Slowenien

INHALT

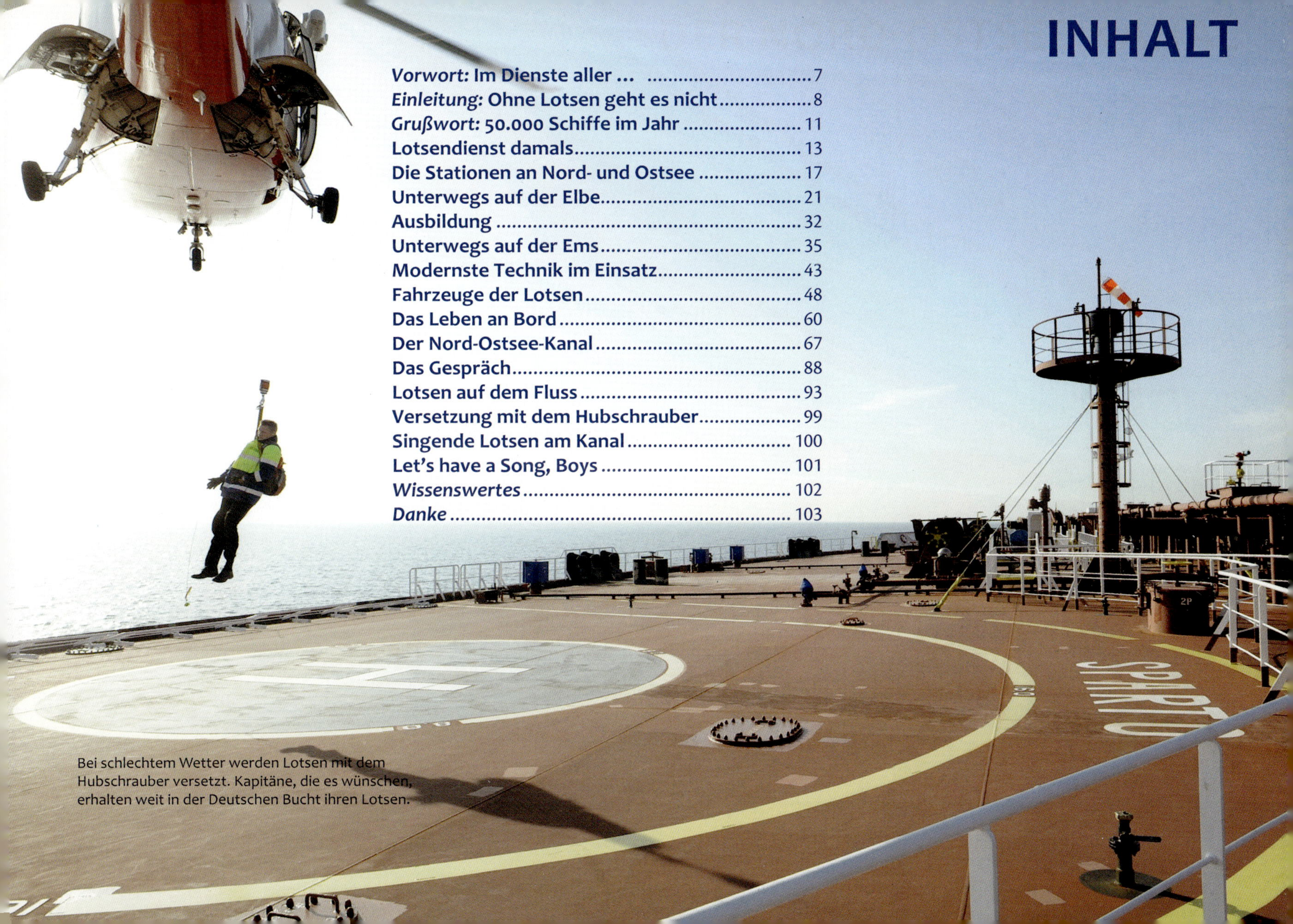

Bei schlechtem Wetter werden Lotsen mit dem Hubschrauber versetzt. Kapitäne, die es wünschen, erhalten weit in der Deutschen Bucht ihren Lotsen.

Die Anfahrt an ein Seeschiff ist bei schlechtem Wetter und hohem Seegang eine gefährliche Prozedur.

Rauf auf das Schiff, runter vom Schiff. Meist beginnt der Job mit immer denselben Handgriffen – dem Erklimmen von schwankenden Leitern und Treppen.

unten: Der Arbeitsplatz des Lotsen an der Seite des Kapitäns.

IM DIENSTE ALLER …

Trotz modernster Navigationstechnik, satellitengestützter Ortung und Schiffen, die mit allen technischen Raffinessen ausgestattet sind, kommt moderne Schifffahrt nicht ohne Lotsen aus. Daran hat der Technikwandel nichts geändert. Lotsen gibt es so lange, wie es Schiffe gibt. Die Steuerberater auf See sind nach wie vor die revierkundigen Berater des Kapitäns und unverzichtbar in Zeiten zunehmender Verkehre an den Küsten. Nicht nur die Anzahl der Schiffe steigt stetig, auch schlechteres Wetter macht die Navigation nicht leichter.

Die Lotsen an der Nord- und Ostsee kennen das Revier wie ihre Westentasche. Kein Kapitän kennt die Unwägbarkeiten und Feinheiten seines Fahrtgebietes so genau wie der Lotse, der an Bord kommt und für kurze Zeit seine Kenntnisse zur Verfügung stellt, damit Schiff, Besatzung und Ladung sicher in den Hafen gelangen. Der Lotse ist Gast an Bord: kommt, wenn er gebraucht wird, und geht, wenn das Schiff sicher am Kai liegt oder seine Fahrt ohne ihn fortsetzen kann. Dieses Buch schildert die Arbeit der Lotsen an der deutschen Nord- und Ostseeküste sowie in ihren Häfen und beschreibt die unterschiedlichen Anforderungen. Es zeigt die Männer, die meist im Verborgenen arbeiten, aber für die Schifffahrt unverzichtbar sind.

Thomas Fröhling

OHNE LOTSEN GEHT ES NICHT

Schifffahrt ohne Lotsen ist und bleibt undenkbar. Die erfahrenen Nautiker sind lang gediente Kapitäne, jahrelang auf den Meeren unterwegs gewesen, haben Containerschiffe über die Ozeane gesteuert und sind unzählige Häfen angelaufen. Sie wissen um die Gefahren auf See und kennen die Tücken der Meere und Flüsse, wenn es darum geht, ein Schiff sicher an den Zielort zu geleiten. Mit Seefahrtromantik hat dies alles nichts zu tun, das gibt es nur im Fernsehen. Wie so oft im Leben dreht sich alles um Gewinnmaximierung, Zeit und Geld.

In hoch technisierten Zeiten sollte man glauben, Lotsen seien verzichtbar. Lotsenentgelte ließen sich einsparen, das Geschäft wäre ohne sie profitabler. Mit Radar, Satelliten-Ortung, einer Menge technischer und nautischer Gerätschaften sowie einer Beratung per Funkgerät ließe sich ein Schiffe ohne Lotsen in den Hafen lenken. Kann das funktionieren?

Während eines Probebetriebs auf der Elbe zeigte sich, dass Funkberatung durch einen Lotsen von Land aus nicht ausreicht. Neben Verständigungsschwierigkeiten waren es Mängel in der Umsetzung der Beratung. Die Anweisungen von Land wurden nicht, nicht richtig oder zu spät eingeleitet. Dies hätte im richtigen Schiffsbetrieb fatale Folgen – so waren sich alle Beteiligten einig. Selbst Kapitäne bevorzugen die persönliche Lotsenberatung auf der Brücke. Unverzichtbar ist ein direkter Ansprechpartner, der mit Rat und Tat zur Seite steht, der stets alle Faktoren im Blick hält, um Schiff, Besatzung und Ladung sicher zu leiten. Nautische Entscheidungen können nur auf der Brücke getroffen werden. Am Funk sind Wetter, Strömungen, Wind, Regen, Tide, Eisgang und Gegenverkehr schlecht einzuschätzen. Moderne Hilfsmittel sind als Verbindung zum nautischen Können eines Lotsen unumgänglich. Die Gesamtheit macht die Sicherheit an den Küsten aus.

Thomas Fröhling

Entschlossen und im richtigen Moment entscheidet sich der Lotse zum Sprung auf das Versetzboot. Bei rauer See und schwankenden Schiffen eine gefährliche Situation. Mit viel Geschick manövriert der Bootsführer den Versetzer an die Bordwand (re.).

Der Arbeitsplatz des Lotsen: die Kommandobrücke eines Containerschiffs im dichten Nebel. Keine leichte Aufgabe. Radar und die Funkberatung sorgen dafür, dass auch unter schwierigsten Wetterbedingungen die Passage gefahrlos zu navigieren ist.

Häufiger Gast in Hamburg:
die QUEEN MARY II der britischen Cunard-Linie.
Für die Lotsen eine Herausforderung.

Albrecht Kramer und Michael Nicolaysen,
Ältermänner der Lotsenbrüderschaft »Elbe«, Hamburg

50.000 SCHIFFE IM JAHR ...

Der Verkehr zu den Häfen der deutschen Nord- und Ostseeküste nimmt zu, die Schiffe werden immer größer. Die Schifffahrtsrouten sind stark befahren, das Wetter ist unberechenbar und wechselt von einer Stunde zur anderen. Ebbe und Flut, tückische Strömungen, große Untiefen und Hindernisse unter Wasser machen die Küsten zu einem gefährlichen Terrain. Das deutsche Seelotswesen ist zu jeder Zeit und unter allen Witterungsbedingungen der Garant für einen sicheren Zulauf zu allen Häfen. Lotsen stehen mit Fachwissen, Erfahrung und langjähriger Reviertätigkeit für die Sicherheit an Bord, den Anrainern und der Umwelt ein. Mit einer guten Struktur und straffen Arbeitsabläufen wird der stark anwachsende Verkehr mit steigenden Schiffsgrößen bewältigt. Lotsen beraten die Kapitäne und navigieren die Schiffe sicher zu ihrem Bestimmungsort. Allein in Hamburg verkehren jährlich mehr als 50.000 Schiffe auf der schmalen und stark frequentierten Elbe. Sie werden von revierkundigen Lotsen professionell und verlässlich navigiert – bei Tag und Nacht, 365 Tage im Jahr, 24 Stunden am Tag.

Lotsen sind verpflichtet, regelmäßig Fort- und Weiterbildungsseminare zu besuchen. Ihre ständige Verfügbarkeit ist für Reedereien, Charterer, Kapitäne, Hafenbetriebe und Behörden von vitalem, wirtschaftlichem Interesse. Alle profitieren davon, dass Schiffe ihre Ladung sicher in die Häfen bringen und transportieren. Die Lotsen sorgen seit Hunderten von Jahren für einen reibungslosen An- und Ablauf der Verkehre.

oben: Erster und zweiter Ältermann der »Elbe«-Lotsen: Albrecht Kramer und Michael Nicolaysen. Sie stehen der Lotsenbrüderschaft »Elbe« in Hamburg vor.

Warten auf den Moment. Versetzung auf ein Seeschiff.

Die Lotsenstation regelt den
Einsatz der Lotsen.
Das Telefon ist rund um die Uhr besetzt.
Hier laufen alle Drähte zusammen.

LOTSENDIENST DAMALS

Lotsen sind kundige Berater des Kapitäns. Ihr Revier sind die Häfen, Küsten, Flussmündungen und Seekanäle der Nord- und Ostsee. Viele Jahre sind sie als »Trainee« im Einsatz, um von erfahrenen Kollegen die Gefahren, Untiefen und Strömungsverhältnisse der Seegebiete vor ihrer Haustür kennen und respektieren zu lernen. Erst dann sind sie befähigt, allein und eigenverantwortlich die ihnen überlassenen Schiffe durch die Fahrrinnen zu lotsen.

Der Kapitän verlässt sich voll und ganz auf die besonderen Kenntnisse des Lotsen. Oftmals lässt der Kapitän gerne das Ruder aus der Hand, um sich dem Rat des erfahrenen Fahrenskollegen anzunehmen. Trotz dieser Aufgabenverteilung ist der Kapitän nicht aus der Haftung entlassen: Wenn er erkennt, dass der Lotse ein strittiges Manöver einleitet, steht er in der Pflicht und würde haften, sollte das Schiff auflaufen. Denn zuletzt ist der Kapitän der Herr des Schiffes und trägt Verantwortung für Schiff, Besatzung und Ladung. Der Lotse ist Berater.

Die Anfänge des Lotsenwesens liegen im 14. Jahrhundert. Damals waren es revierkundige Fischer, die sich als Lotsen anboten. Die älteste überlieferte Lotsordnung stammt aus dem Jahr 1656 mit der Bezeichnung »Pilotage der Hansestadt Hamburg« und galt für den Lotsberuf als erste staatliche Zulassung. Die Lotsen in Cuxhaven wurden in dieser Gemeinschaft nach holländischem Muster zusammengefasst. Andere Städte folgten dem Hamburger Beispiel – der frühe Beginn der heutigen Brüderschaften, in denen die Lotsen zusammengeschlossen sind. Auf der Insel Borkum gründeten Fahrensleute 1707 ihre Lotsordnung, an der Weser 1723 als »Geestendorfer Privat-Lotsengesellschaft«.

Die ersten Lotsenschiffe brachte der Wind zu den Kunden. Später setzte die Motorisierung unter Dampf ein. Heute bringen moderne Swath-Tender die Nautiker zu den Schiffen.

rechts:
Lotsenschiff Ditmar Koel
Ditmar Koel war ein Kapitän, erfolgreicher Seeräuberjäger und von 1548 bis 1563 Bürgermeister von Hamburg.

Ein Relikt aus der Zeit, als man den Lotsendienst noch mit Bleistift und einem Blatt Papier beschrieb.

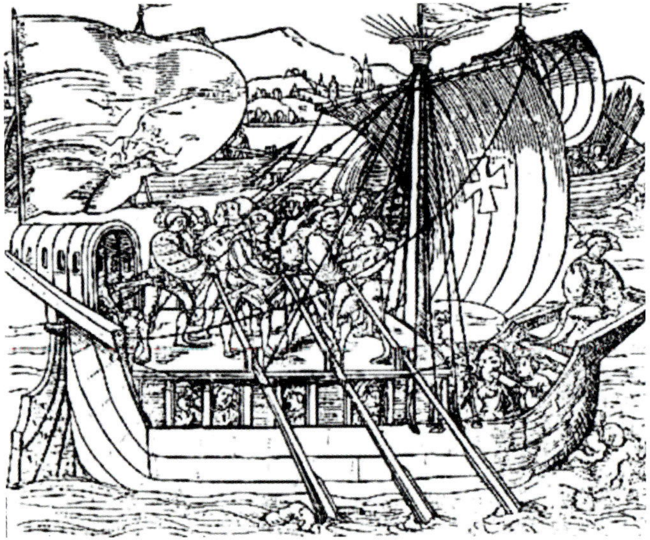

An der Ostsee wurde es 1784 etwas anders geregelt, als der Eider-Kanal in Betrieb genommen wurde. An der Kieler Förde entstand die erste offizielle staatliche Lotsenstation. Diese Lotsen waren städtische Bedienstete.

Die Entwicklung hielt bis in das 20. Jahrhundert an, als der Kaiser-Wilhelm-Kanal (Nord-Ostsee-Kanal) fertiggestellt wurde. Seit 1922 sind sie nicht mehr beamtet und dem Status der Elbelotsen angepasst.

Mit dem Staatsvertrag aus dem Jahre 1921 ging die Verwaltung der Wasserstraßen von den Ländern auf das Reich über.

Weitere Meilensteine der Lotsengeschichte:

- 1919 schlossen sich die deutschen Seelotsen im Lotsenbund zusammen.

- Als 1954 die Bundesrepublik Deutschland entstand, ging mit dem Gesetz über das Seelotswesen eine einheitliche Regelung einher. Nur das Lotswesen in den Häfen ist noch Ländersache.
- 1990 gründete sich die Lotsenbrüderschaft »Wismar/ Rostock/Stralsund« im Zuge der Wiedervereinigung.
- 2004 wurde das Gesetz über das Seelotswesen 50 Jahre alt.

In der Mannschaftsmesse der Kapitän Bleeker in den 80ern. Hier trafen sich alle zu den Mahlzeiten oder um gemeinsam fernzusehen. Damals gab es nur wenig TV-Geräte an Bord.

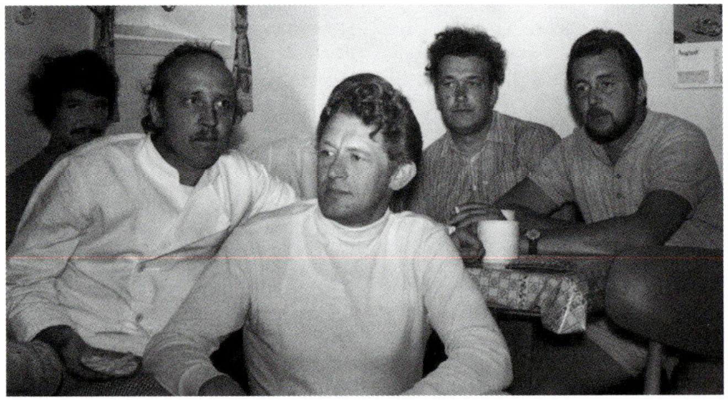

LOTSENDIENST DAMALS

Versetzboote aus einer längst vergangenen Epoche und Lotsenschiffe wie die SIMON VON UTRECHT (u. Mitte) oder die DITMAR KOEL (u.) .
Mit Dampfbetrieb und Ruderkraft versetzten seinerzeit die Mannschaften die Lotsen auf ihre Schiffe.

Der Steuerstand auf dem Stationsschiff Elbe.
Tag und Nacht einsatzbereit. 365 Tage im Jahr.

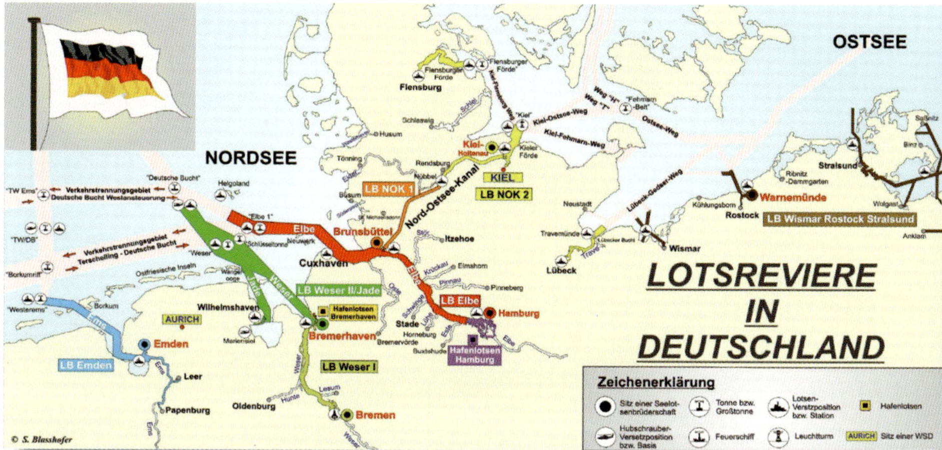

links:
In Nord- und Ostsee gibt es sieben Reviere und Lotsenstationen.

Das Lotsenhaus in Bremerhaven mit Blick auf den Außenhafen.

STATIONEN AN NORD- UND OSTSEE

Von der niederländischen Küste bis zur polnischen Grenze reichen die sieben Seelotsreviere. Lediglich in den Häfen Hamburg und Bremerhaven bestehen eigene Lotswesen, die den Ländern zugeordnet sind – ansonsten ist das Lotswesen Bundessache. Fahrzeuge und Stationen werden vom Bundesministerium für Verkehr, Bau- und Wohnungswesen angeordnet.

Emden:

Das westlichste Revier hat eine Länge von rund 80 Seemeilen (ca. 40 km) und beginnt für große Tanker 20 Seemeilen nördlich der »Westerems«-Tonne und erstreckt sich über die Ems in Richtung Papenburg. Die dort ansässige Meyer Werft lässt mehrmals im Jahr ihre großen Kreuzfahrtneubauten über die Ems nach Emden und »Eemshaven« (NL) überführen.

In der Emder Lotsenstation am Außenhafen sind etwa 34 Lotsen beschäftigt, die jährlich knapp 7.500 Lotsungen durchführen. Neben den großen Autotransportern für die Volkswagen-Verschiffung gehören Schiffe mit Windenergieanlagen und auch Gas- und Kreidetanker zur Klientel der Emder.

Die Lotsenstation der Kollegen an der Ems.

Das alte Lotsenhaus der Elbelotsen an der Einfahrt in den Hamburger Hafen.

Weser I:

Etwa 33 Seemeilen umfasst das Revier von Geestemünde bei Bremerhaven bis nach Bremen. Die Unterweser ist ein stark befahrener Fluss und wegen seiner Enge auch sehr anspruchsvoll. Viele kleine Häfen liegen entlang der Weser und sorgen für viel Arbeit bei den Kanallotsen. Die Weser ist schmal, und wegen vieler Biegungen und Kurven ein schwieriges Revier, das auch bei gutem Wetter mit Radarunterstützung gelotst wird. Die 44 Lotsen übernehmen auch den Hafendienst in Bremen, sodass ein Wechsel zwischen Hafen- und Seelotsen entfällt.

Weser II | Jade:

Aufgrund der Fläche ist das Lotsrevier von Wilhelmshaven und Bremerhaven das größte und erstreckt sich von der Deutschen Bucht über die Weser-Ansteuerung (mit Bremerhaven als zweitgrößtem Containerhafen) bis zur Jade-Ansteuerung (mit Wilhelmshaven, dem größten Ölhafen Deutschlands). Containerschiffe mit bis zu 12.000 Containern und Mega-Tankschiffe machen das Revier außergewöhnlich und bringen den 105 Seelotsen neben Abwechselung auch etwa 15.000 Lotsungen pro Jahr ein. Das Revier gilt wegen seiner unterschiedlichen Strömungen, Sandbänken und den starken Gezeiten als anspruchsvoll und gefährlich.

Elbe:

Besonders der Hamburger Hafen ist für die 280 Seelotsen Hauptaufgabengebiet. Die etwa 90 Seemeilen lange Strecke elbwärts von Hamburg bis nach Helgoland wird jährlich von 50.000 Schiffen befahren, die einen Lotsen anfordern. Kleine, nicht lotsenpflichtige Schiffe befahren

Lotsenstation Brunsbüttel: Zentrale für die Elbe-Lotsen und den NOK.

ebenfalls die Elbe. Hamburg hat den zweitgrößten Containerhafen Europas, und um dort hinzugelangen, haben die einlaufenden Schiffe mit niedrigen Wasserständen durch die Tide, starken Strömungen und tückischen Winden zu kämpfen. Einige Schiffe sind derart groß, dass sie nur mit der Flutwelle den Hamburger Hafen erreichen und ihn auch erst bei ablaufendem Wasser wieder verlassen können. Eine durchschnittliche Lotsung dauert etwa sechs Stunden.

Nord-Ostsee-Kanal I:

Der Nord-Ostsee-Kanal ist in zwei Etappen aufgeteilt und erstreckt sich von den Schleusen bei Brunsbüttel an der Elbe bis zur Wechselstation Rüsterbergen – etwa in der Mitte der Strecke. Die 145 Kollegen begleiten jährlich etwa

Wismar/Rostock/Stralsund:

Dieses Lotsrevier gehört seit 1990 zum bundesdeutschen Seelotswesen und bedient die gesamte Küste Mecklenburg-Vorpommerns und ist in drei Bezirke Wismar, Rostock und Stralsund aufgeteilt. Dabei beraten sie auch Zufahrten zu den kleinen Häfen am Greifswalder Bodden, dem Peenestrom und Sassnitz sowie Mukran. Auch diese Kollegen übernehmen Lotsungen bis zu den Häfen der Anrainerstaaten der Ostsee. Etwa 7.000 Beratungen führen die 30 Lotsen (Wismar: 8/ Rostock: 12/ Stralsund: 10) durch und werden durch niedrige Wasserstände, Untiefen und enges Fahrwasser herausgefordert.

30.000 Schiffe durch das Nadelöhr – mit klar abgegrenzter Wasserkante, vielen Biegungen und Verengungen – bis zu den kleinen Häfen entlang des Kanals. Viele Kenntnisse und Erfahrungen sind auf diesem speziellen Fluss nötig, um sicher zu navigieren.

NOK II | Kiel, Lübeck, Flensburg

Die gesamte Ostseeküste Schleswig-Holsteins und die zweite Hälfte des Nord-Ostsee-Kanals teilt sich in vier Bereiche auf: Flensburger Förde, Kieler Förde, Trave und NOK II. Im Jahr teilen sich die 140 Lotsen etwa 45.000 Beratungen. Hinzu kommen Lotsungen, bei denen der Lotse bis zu den Ostsee-Anrainerstaaten und allen Häfen an der Ostsee an Bord bleibt. Die zweite Hälfte des Nord-Ostsee-Kanals hat es – aufgrund der Enge und der Vielbefahrenheit – in sich. An einigen Stellen des Kanals kann nur mit langsamer Geschwindigkeit gefahren werden – eine nicht ungefährliche Arbeit, besonders bei Nebel. Je nach Art der Ladung und der Größe der Schiffe muss auf bestimmten Trassen an Weichen gewartet werden.

Im Gegensatz zu den anderen Revieren kommen auf dem NOK erfahrene Kanalsteuerer mit an Bord. Sie übernehmen während der Durchfahrt das Ruder und arbeiten dem Lotsen zu.

Die Stationsschiffe sind schwimmende Hotels für die Lotsen.

Mit den Elbelotsen von Hamburg elbaufwärts Richtung Nordsee. Nebel und schlechte Sicht erschweren die Arbeit der Männer auf der Brücke. Der Lotse mit ständigem Blick auf die Radarkonsole. Zusätzlich wird dem Nautiker Beratung per Funk geboten.

UNTERWEGS AUF DER ELBE

Hamburg. Mitte November, Nebel, 6 Grad Außentemperatur. Lotse Christoph Zobel zieht an seiner Zigarette und schaut auf die milchige Suppe vor der Lotsenstation. Kein guter Tag heute.

Bei diesem Wetter ist besondere Wachsamkeit gefordert, besonders auf dem engen Fahrwasser der Elbe. Zobel wird heute das 340 Meter lange Vollcontainerschiff CSCL EUROPE vom Containerterminal Hamburg-Waltershof nach Brunsbüttel leiten. Kein leichter Job, wenn die Sicht gleich null ist. Der 42-jährige packt seine Umhängetasche und macht sich auf den Weg. Für die Passage aus dem Hafen bis zum Anleger Teufelsbrück hat Zobel Unterstüt-

Vorbei an den großen Verladekränen des Buchardkais nimmt die CSCL EUROPE Kurs auf die Elbe seewärts. Die Maersk EMDEN ist eines der modernsten Containerschiffe der Reederei mit Stauraum für bis zu 13.000 Container.

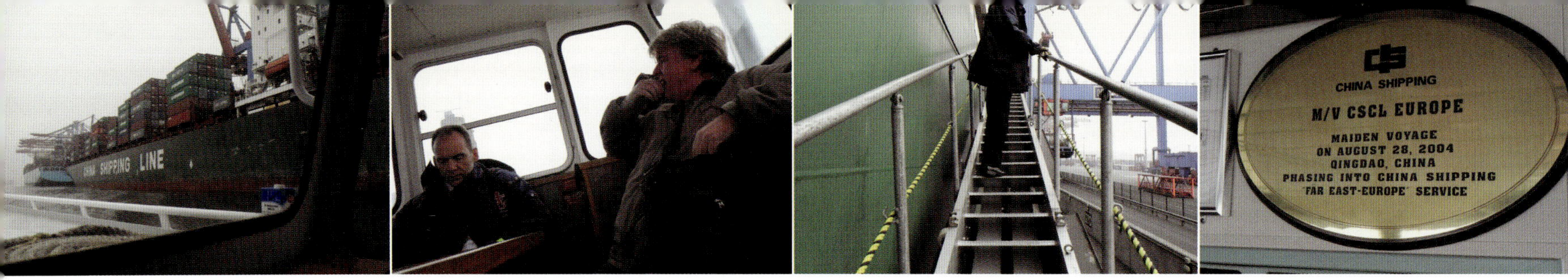

Die Lotsen Jan Peter und Christoph Zobel und auf dem Weg zur CSCL EUROPE. Über die Gangway geht es zu ihrem Arbeitsplatz.

zung von Hafenlotse Jan Peter. Auch er sieht in den Nebel und schaut den Wachhabenden in der Lotsenstation mit hochgezogenen Augenbrauen an: »Dann mal los.«

Mit dem Versetzboot zum Kunden

Das kleine Versetzboot nimmt Fahrt auf, gesprochen wird wenig, bis Zobel seinen Tablet-Computer aus der Tasche zieht und stolz präsentiert. Das iPad ist das neueste Spielzeug des Lotsen, der als Fachmann für computergestütze Navigation gilt. Der Bildschirm zeigt in Echtzeit das Fahrwasser der Elbe. Zobel will überprüfen, ob es mit dem Radarbild auf der Brücke vergleichbar ist. Sein Grinsen erzählt vom Kind im Manne, die Spielzeuge werden größer.

Vorbei an den Riesenpötten nehmen beide Sichtkontakt mit ihrem Kunden auf. Das Schiff liegt noch fest vertäut an der Kaimauer. Der erste Blick der beiden gilt der Zahlenreihe am Bug: »11,8 Meter Tiefgang«, sagt Peter: »Da haben die ganz schön abgeladen.« Die bunten Container an Deck sind in sechs Schichten übereinandergestapelt. Alles fest verzurrt mit Spanngurten aus Stahl. Das grüne Schiff ist ausgelegt für 6.000 Boxen der 14-Fuß-Größe. Die Bordwand ist so hoch wie ein Wohnhaus. In Hamburg wurden einige Container gelöscht. Inhalt: Elektroartikel und Silvesterfeuerwerk aus Asien. »Ist ja auch bald Weihnachten«, grinst Peter.

Die Arbeit beginnt

Mit einem kräftigen Ruck legt sich das Versetzboot hinter die EUROPE an die Pier. Der Job geht los. Meist beginnt er, so auch an diesem Morgen, mit immer denselben Handgriffen: dem Zupacken von Leitern und Treppen. Die Steigleiter ist gute zehn Meter hoch. Peter zieht die Handschuhe an, und mit geübter Technik erklimmen beide die Sprossen. Eine weitere Treppe bringt sie auf das Schiff. Ein Matrose fragt, ob sie die Lotsen seien, und spricht irgendetwas Russisches in sein Walkie-Talkie. Ein weiterer begleitet die beiden zum Fahrstuhl. Im sechsten Stock befindet sich das Ruderhaus, der heutige Arbeitsplatz der Männer. Kapitän Ivan Franchuk empfängt die Männer: »Good Morning. Pilot – it's your Ship.« Zobel schaut auf die Instrumente der Brücke – sein Revier für die nächsten Stunden. Ab nun ist er »Herr« des Schiffes. Nicht ganz. Denn ein Lotse ist immer nur Berater des Kapitäns. In den meisten Fällen verlassen sich die Schiffsführer aber blind auf die Kommandos des Gast-Nautikers.

Denn er weiß über die Beschaffenheit der Wasserstraßen vor seiner Haustür am besten Bescheid. Beruhigt lehnen sich die Kapitäne zurück und lassen die Lotsen ihren Job machen. Das Vertrauen könnte nicht größer sein.

Datenblatt für die Navigation

Der 1. Offizier Yurry Dodolad reicht Zobel das Datenblatt des Schiffes: 340 Meter Länge, 42,8 Meter Breite, 11,8 Meter Tiefgang und 90.645 BRZ Gewicht. Die Daten benötigt der Lotse, um die Trägheit des Schiffes abmessen zu können und um einzuschätzen, mit welchem Manöver das Schiff sicher durch das Nadelöhr der Elbe zu steuern ist.

Vorerst ist Hafenlotse Jan Peter gefragt. Er wird das Schiff sicher aus der Parkposition in das Fahrwasser leiten. Ihm zur Seite stehen die Assistenzschlepper. Ohne sie ließe sich das große Schiff nicht punktgenau manövrieren.

Peter schaut hinunter zum Kai, entlang des Schiffes und in den Nebel. Nichts deutet darauf hin, dass dieser Job anders verläuft als bei allen anderen Schiffen, die die knapp 280 Kollegen der Lotsenbrüderschaft »Elbe« von Hamburg bis zur Nordsee geleiten. Im Schnitt hat jeder Lotse 30–35 Schiffe im Monat zu navigieren. Stramme vier Wochen, denn die Elbe ist dicht befahren, und Hamburg, als zweitgrößter Containerhafen Europas, ist Ziel von 50.000 Schiffen pro Jahr. Welches Schiff einen Lotsen benötigt, ist abhängig von der Größe und der Ladung. Je größer das Schiff, umso mehr Lotsen sind zuständig. Kleinere Schiffe bis 99 Meter sind lotsenbefreit, alle anderen brauchen die Fachleute mit Ortskenntnissen.

Erste Etappe bis nach Brunsbüttel

Die CSCL Europe wird heute von zwei Hafenlotsen vom Kai wegbugsiert, Christoph Zobel wird bis Brunsbüttel übernehmen, ein Kollege wechselt ihn ab und übernimmt von Brunsbüttel bis zum Lotsenversetzschiff Elbe in der Deutschen Bucht. Insgesamt eine Route von 160 Kilometern und eine Fahrzeit von sechs Stunden. Bei dichtem Nebel keine leichte Aufgabe, denn der Lotse kann nur mithilfe des Radars und der Radarführung per Funk navigieren. Zobel wird in den nächsten Stunden kaum von der Stelle kommen und seinen Blick nicht vom Radar lassen. Mit Seefahrtromantik hat das sehr wenig zu tun. Nur bei gutem Wetter und anständiger Sicht gilt der Blick des Lotsen auch mal dem malerischen Ufer der Elbe, mit den Villen und den Vororten wie Blankenese oder Stade. Heute sieht man die Hand vor Augen nicht.

Hafenschlepper helfen beim Ablegen

Kapitän Franchuk ist erleichtert, weil fachkundige Profis das Ablegen seines Schiffes übernehmen. Und obwohl der Lotse nur beratend fungiert, ist er in den meisten Fällen Herr des Geschehens und trägt die Verantwortung seines Handelns.

Trotz des Hamburger Schmuddelwetters sieht es nicht so aus, als müsse sich jemand Sorgen machen. Peter bespricht mit dem Kapitän das Ablegemanöver, als unten am Kai der zweite Hafenlotse Andreas Grunze in Sicht kommt. Wenige Minuten später gibt Peter den Schleppern das Signal zum Ziehen. Die armdicken Taue fallen ins Hafenbecken, der Kapitän dreht an einem Knopf, und das Schiff schiebt sich langsam von Pier 12 des Containerterminals. Die Motoren der Europe geben Gas, das mächtige Schiff vibriert leicht. Jan Peter beobachtet das Ablegen, gibt den Schlepperkapitänen Anweisungen. Hafenlotse Grunze hat auf der anderen Seite des Brückenvorsprungs Posten bezogen. Er achtet darauf, dass der Riese nicht zu dicht an die gegenüberliegenden Schiffe gelangt. Trotz des großen Gewichtes wird die Europe in wenigen Minuten von ihrem Parkplatz in das Fahrwasser gezogen.

Konzentriertes Arbeiten auf der Brücke (o.).
Kurze Zigarettenpause für Christoph Zobel. Die internationale Buchstabiertabelle für die CSCL EUROPE.

Vorbei an der EMDEN

Zobels Blick gilt dem neuen Prachtstück der Reederei »Maersk«, das ebenfalls am Burchardkai liegt: stolze 366 Meter lang und eine Stellfläche für knapp 13.000 Standard-Container. Die EMDEN ist länger, als der Eiffelturm hoch ist. Je mehr Container ein Schiff fassen kann, umso rentabler wird es für Reeder und Besitzer. Auch Hamburg wächst mit derart großen Schiffen. Neue Flächen müssen her, um die Massen an Containern stellen und bewegen zu können.

Peter und Grunze beobachten genau die Bewegungen des Schiffes. Die Kommandogewalt haben sie, und auch sie geben dem Rudergänger die Befehle für das Ruderblatt. »Engine slow ahead«, sagt Grunze, und aus dem Schornstein steigt Minuten später schwarzer Rauch auf. Das Aufheulen der großen Dieselmaschine überträgt sich durch Vibrieren an jeden Platz auf dem Schiff. »Die CSCL EUROPE verlässt den Containerhafen und kommt elbabwärts«, spricht Peter in den Funk. Alle anderen Schiffe und Boote werden um erhöhte Aufmerksamkeit gebeten. Ein Schiff dieser Größe hat Vorrang, alle anderen Wasserfahrzeuge müssen nun warten.

Besatzung aus Osteuropa

Kapitän Franchuk beobachtet aufmerksam die Arbeit der Lotsen. Sein Schiff fährt unter der Flagge Zyperns und ist in Limassol registriert. Die Besatzung besteht aus 24 Seeleuten unterschiedlicher Nationalitäten: Russen, Ukrainer und Griechen. Eine Kostenfrage: Deutsche Kollegen sind die Ausnahme. Man müsse aufpassen, nicht die Muttersprache zu verlernen, sagen die Lotsen.

Ziel der EUROPE ist Rotterdam. Dort, im größten Containerhafen Europas, werden weitere Container gelöscht und neue geladen. Ziel der Reise für das Schiff ist Asien. In acht bis neun Wochen wird die EUROPE wieder Gast in Hamburg sein. Für Franchuk ist die Hansestadt immer ein Erlebnis. Er mag sie sehr, liebt das gute Essen und deutsches Bier. Und nicht nur das. Sein Klingelton unterstützt diese Zuneigung: Dieter Bohlens »Your my Heart, your my Soul«. Damit hat keiner gerechnet, breites Grinsen auf den Gesichtern. Franchuk spricht lange mit seiner Frau. Sie hat an diesem Tag Geburtstag.

Hafenlotsen werden abgeholt

Die zwei Hafenlotsen haben ihren Teil der Fahrt erledigt. Ein kurzer Handschlag und »Good Luck«, Jan Peter und Andreas Grunze verlassen die Brücke. »Gute Wache, Christoph« sagt Peter. Auf See verliert man nicht viele Worte. Handgriffe, Kommandos und Navigation werden mit gelassener Bierruhe erledigt. Man macht kein großes Aufsehen daraus. Ein Wink zur Brücke. Peter und Grunze haben auf das kleine Versetzschiff gewechselt, das sie nun wieder zur Lotsenstation bringt. Die kräftigen Motoren heulen auf, und das kleine Versetzboot verschwindet im Nebel.

Mittlerweile hat Christoph Zobel sein iPad ausgepackt und erklärt den staunenden Männern dessen Funktionen. Radar und Tablet-Computer zeigen das Fahrwasser der Elbe. »Das Radar ist genauer, das Pad kommt zeitversetzt«, sagt Zobel. Kurs 279 Grad. Blankenese in Sicht. Am Strand der Elbe sind an diesem Morgen wenige Menschen unterwegs. Trotz des milden Herbstwetters eher ungewöhnlich. Ein paar Unverdrossene schauen an der Schiffbegrüßungsanlage »Willkommhöft« in den Nebel.

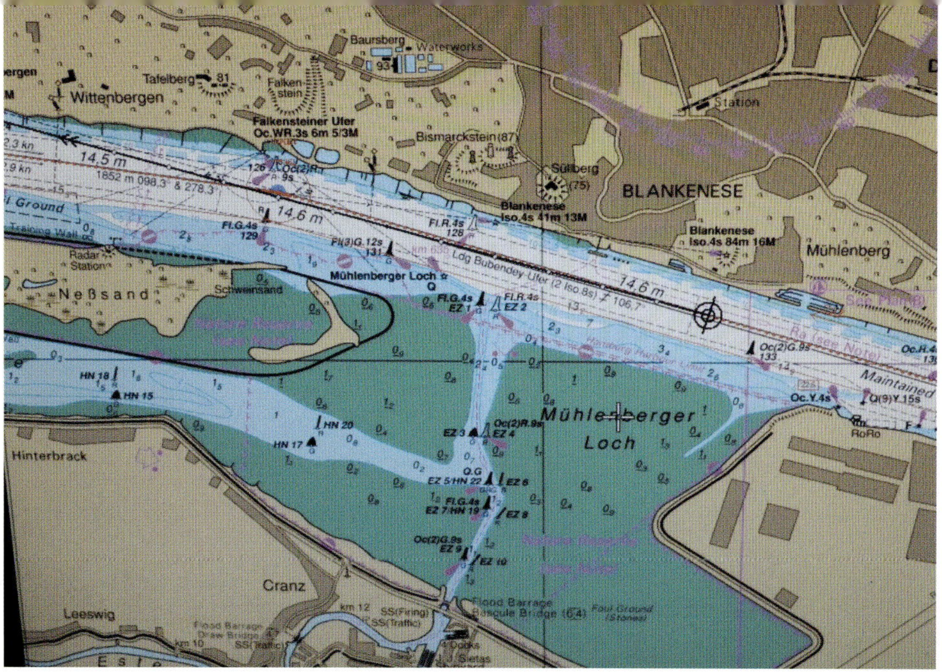

Sie winken dem Schiff zu, als die zypriotische Hymne erklingt. Eine Stimme ruft: »Wir wünschen der CSCL Europe eine gute Fahrt und baldige Rückkehr in den Hamburger Hafen.« Franchuk hebt die Hand zum Gruß, und bald ist von den Menschen am Ufer nichts mehr zu sehen. Der Nebel scheint alles zu verschlucken.

Sicht reicht bis zur ersten Containerlage

Auf der Brücke herrscht gespenstische Stille. Lotse, Steuermann und Kapitän schauen in den Nebel vor den Brückenscheiben. Die ersten Containerreihen sind noch zu erkennen, dann geht nichts mehr. Zobel lässt das Nebelhorn einschalten, das in Abständen ein Signal ins Ungewisse dröhnt – mit der Hoffnung, dass kein Fahrzeug dem Schiff zu nahe kommt.

Der 1. Offizier Yurry Dodolad ist geschäftig auf der Brücke unterwegs. Der schmächtige Russe notiert Zahlen der Messanzeigen, kümmert sich um den Kurs und um die zahllosen Schalter und Apparate. »Coffee?«, fragt er Lotsen und Kapitän. »Cream and Sugar, please«, sagt Franchuk. Zobel lehnt ab.

Über Funk wird der Lotse zusätzlich beraten. »Bei solch einer Suppe ist es gut, wenn ein Kollege auch die Augen aufhält«, sagt Zobel karg.

Kapitän Franchuk vertraut auf den Rat des Lotsen Zobel.

In der Radarleitstelle in Brunsbüttel sitzt ebenfalls ein Lotse und berät alle Kollegen, die nun mit ihren Schiffen auf der Elbe unterwegs sind: »Christoph, du steuerst 279 Grad in Höhe Steyersand. In 300 Metern kommt dir die VALPARADISO EXPRESS entgegen, sonst sind keine Fahrzeuge in der Nähe.« Zobel hat den Entgegenkommer ebenfalls auf dem Schirm und gibt dem Rudergänger den neuen Kurs, damit sich beide Schiffe auf der engen Elbe nicht zu nahe kommen.

Nach wenigen Minuten taucht plötzlich die VALPARADISO EXPRESS aus dem Nebel auf. Wie ein Geisterschiff zieht es vorbei. Zobel blickt kurz rüber: »Moin, Christoph, hier ist Lutz, gute Wache«, krächzt es aus dem Funk.

Nebelschwaden ziehen über das Deck, als es etwas hektisch auf der Brücke wird. Ein kleiner Punkt auf dem Radar weckt das Interesse des Lotsen. Das Signal ist ein Sportboot genau vor der EUROPE. Es fährt einen Zickzackkurs. Zobel informiert die Radarleitstelle und sieht an der Brückennock in den Nebel. Kaum Sicht, als die kleine Jolle schemenhaft auftaucht und schnell das Feld in Richtung Ufer räumt. Zobel schüttelt den Kopf. »Das hätte gefährlich werden können bei der Sicht.«

Die EUROPE macht 16 Knoten

Mittlerweile vibriert das Containerschiff stärker. Zobel hat den Kapitän gebeten, die Fahrt zu erhöhen. Franchuk drückt die kleinen Hebel des Maschinentelegrafen nach vorn. Mit 16 Knoten stampft das Schiff an Stade vorbei in Richtung Brunsbüttel.

Zobel sagt, dass Lotse sein Traumjob ist. Der 42-Jährige ist seit acht Jahren dabei und kam zu den Lotsen wie die meisten seiner Kollegen: Sie wollen nicht mehr auf großer Fahrt sein und die Weltmeere gegen die Übersichtlichkeit eines Lotsreviers eintauschen, um öfter bei Frau und Kindern zu sein.

Trotz der gewissen Eintönigkeit des Jobs sind es gerade diese Tage, die dem Lotsen vieles abverlangen. »Eine Herausforderung«, betont Zobel. Kein Wagnis, denn mit der heutigen Technik, der Erfahrung und seinem Sachverstand gibt es kaum Situationen, in denen der Puls des bedächtigen Mannes schneller schlägt.

Lotse ist eine Mischung aus Gelassenheit, dem Wissen über Nautik, Wetter und Technik. »Und in der passenden Situation das richtige Kommando zu geben. Man muss vorausschauend denken«, so Zobel. Man sollte wissen, was in 500 Metern passiert. Wie man navigiert, wenn dann ein Entgegenkommer die volle Aufmerksamkeit des Lotsen benötigt.

Die Kommandos, die eingeleitet werden, machen sich erst viel später bemerkbar.

Behäbigkeit der Massen

Schiffe sind behäbig in ihrem Verhalten und reagieren langsam und bedächtig auf neue Kurse und Rudermanöver. Wohl dem, der früh genug Kommandos gibt, um später nicht einem anderen Schiff zu nahe zu kommen.

Der Nebel nimmt zu, die Sicht endet vor den Glasscheiben. Kaum zu glauben, dass vor der Brücke noch etwa 300 Meter Schiff sind. Es ist später Nachmittag, und die Dunkelheit setzt langsam ein. In 30 Minuten wird Zobel die Brücke verlassen und den Rest seiner Schicht in der Radarleitstelle Brunsbüttel damit verbringen, Kollegen über Funk zu beraten.

Nach weiteren drei Stunden ist für Christoph Zobel Feierabend. Ein Taxi wird ihn zu seiner Familie bringen. Mit diesem Job ist er heute zwölf Stunden im Dienst gewesen. Wann er wieder die Brücke eines Schiffes betritt, regelt bei den Lotsen die »Bört« – eine Einsatzliste, an der Zobel nun an die letzte Stelle gelangt.

Vielleicht hat er übermorgen seinen nächsten Job – und vielleicht wieder einer der großen Pötte, die er als Steuerberater über die Elbe führen darf.

Der Lotse verlässt das Schiff

Die letzte Amtshandlung eines Lotsen ist die Unterschrift des Kapitäns unter dem Lotsbeleg – eine Art Tätigkeitsnachweis für die Lotsung, nach der die Lotsenbrüderschaft mit der Reederei abrechnet. Für den heutigen Einsatz der Lotsen wird der Reeder etwa 10.000 Euro überweisen.

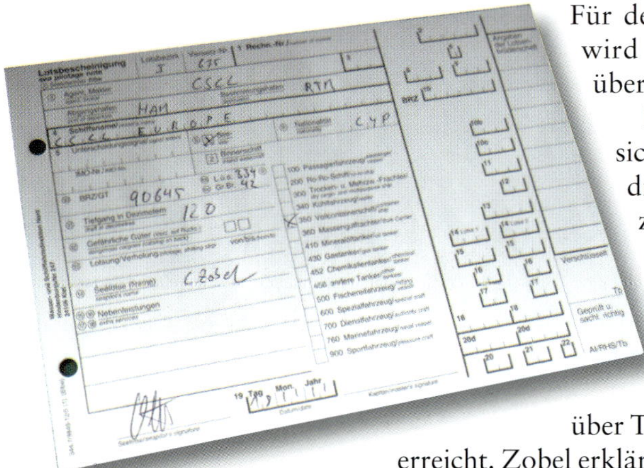

Die Lotsbescheinigung wird vom Kunden gegengezeichnet. Sie ist Berechnungsgrundlage für die Lotsung.

Ein kleines Versetzboot nähert sich der Europe. Jürgen Schild wird die Passage von Brunsbüttel bis zum Lotsen-Mutterschiff Elbe übernehmen – ebenfalls eine Strecke von 60 Seemeilen und drei Stunden Fahrtzeit.

Es dauert eine Zeit, bis der Lotse quer durch das Schiff, über Treppen und Fahrstuhl die Brücke erreicht. Zobel erklärt alle wichtigen Daten, den Kurs, die Ladung und die Geschwindigkeit, bevor er nach seiner Umhängetasche greift und seinem Kollegen eine »Gute Wache« wünscht. »Mach's gut, sehen wir uns bei der Feier?«, fragt Schild. Zobel nickt.

Mit einem Sprung hat er seinen heutigen Arbeitsplatz verlassen. Ein Gruß zur Brücke, und wieder rauscht das Boot davon. Schild muss sich nun nicht mehr nur um den Nebel sorgen, sondern auch um die Dunkelheit.

Nebel und Nacht sind Wetteraussichten, die das Herz eines Lotsen schneller schlagen lassen. In ein paar Minuten wird sich Zobel am Funk melden und Jürgen Schild alle Geschehnisse auf der Elbe berichten.

Vorbei an Cuxhaven wird die Sicht besser. Die hell erleuchteten Hafenanlagen der Stadt sind zu erkennen. Der Verkehr auf der Wasserstraße nimmt zu. Viele Schiffe wollen mit ihrer Ladung in den Hamburger Hafen.

In einer knappen Stunde, es ist kurz vor Mitternacht, erreicht die CSCL Europe das vorläufige Ende der lotsenbetreuten Fahrt. Die Seeposition des Stationsschiffes Elbe ist das Ziel für Schild. Ab hier ist das nautische Können von Kapitän Franchuk gefordert. Die Passage durch die Nordsee wird ihn in Richtung Rotterdam bringen. Spätestens dann wird er wieder Bekanntschaft mit einem neuen Lotsen machen.

Pause auf dem Mutterschiff Elbe

Schild bestellt über Funk das Versetzboot – einen der neuen Doppelrumpftender –, das ihn zum Stationsschiff bringen wird. Die Elbe ist ebenfalls neuerer Doppelrumpfbauart und hat vor einigen Jahren eines der Einrumpf-Stationsschiffe abgelöst, das bis dahin fast 40 Jahre im Dienst und auf Seeposition war. In Sachen Komfort hat sich für das nautische Personal und die Besatzung der Stationsschiffe vieles zum Guten gewandt. Waren es früher eher karge, schwimmende Umsteigebahnhöfe, so sind es heute komfortable und wohnlich anmutende Hotelschiffe mit vielen Annehmlichkeiten.

Neben allen technischen und nautischen Raffinessen verfügen die Schiffe über Einzelkabinen statt Sammelunterkünften im Jugendherbergstil, über eine gemütliche Messe mit medialen Feinheiten und einen Platz, um wirklich Ruhe zu finden, den harten Job des Lotsen bestehen zu können.

Das Hotel der Lotsen (Mutterschiff ELBE der »Elbe«-Lotsen) auf See-Station – kurz bevor die Lotsen auf ihre Schiffe versetzt werden (o.).

Das Taxi zum Mutterschiff:
Tender DUHNEN

rechts:
Im Aufenthaltsraum der ELBE essen und ruhen die Lotsen – warten auf den nächsten Einsatz, der auf dem Bildschirm angezeigt wird. Der Job macht hungrig: Buffet zu jeder Tages- und Nachtzeit. Der Wäschesack im Gang zeugt von Männerwirtschaft an Bord.

Gediegene Gemütlichkeit an Bord der ELBE:
Hotelcharakter mit vielen Annehmlichkeiten.

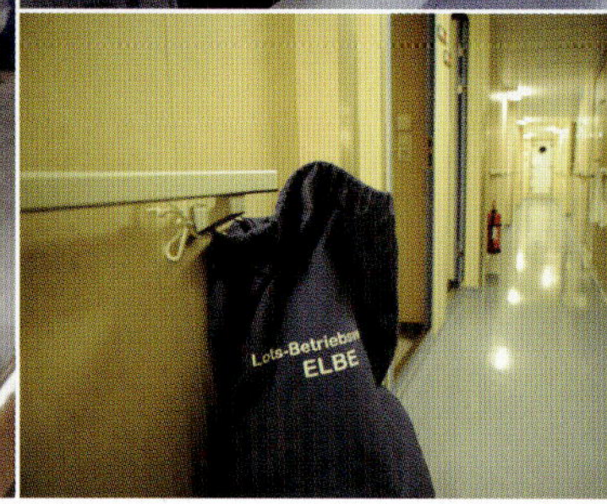

Zur Gastlichkeit und zur seemännischen Tradition gehört es, dass Lotsen auf den zu lotsenden Schiffen zu Speis und Trank eingeladen werden. Andere Länder, andere Sitten, sagen die Lotsen einhellig und wissen über essenstechnische Eskapaden zu berichten. So gilt die Vorfreude von Schild dem Essen an Bord der ELBE.

Lotse Olaf Schulz sagt, dass auf den Schiffsbrücken immer weniger deutsche Kollegen arbeiten. Früher waren es noch Offiziere und Kapitäne, mit denen man über alte Zeiten und die Seefahrt plaudern konnte. Heutzutage ist man als Deutschsprachiger auf einsamem Posten.

Schulz, ein Mann wie ein Baum, hat bereits das schmackhafte Buffet der ELBE genossen. Es gab Butterfisch mit Kartoffeln: »Lecker.« Schließlich ist heute Freitag und da gibt es Fisch. In der Seefahrt werden Traditionen zelebriert wie in keinem anderen Beruf.

Gestärkt sitzt der Lotse nun an den Radaranlagen der HANSE-SPIRIT – einem kleinen Container-Feederschiff auf dem Weg nach Hamburg. An der Elbe fehlen etwa 100 Kollegen. Mit 35–40 Beratungen im Monat stoßen die Lotsen an die Grenzen der Belastbarkeit.

Traumberuf mit Jobgarantie

Vorbei an Scharhörn-Radar steuert das kleine Feederschiff den Hafen von Hamburg an. Der Kapitän hat sich zurückgezogen und lässt Lotsen und Offizier auf der Brücke zurück: »Mich hat gewundert, dass er überhaupt so lange hier war«, sagt Schulz. Meist sind sie verschwunden, wenn der Lotse an Bord kommt. Schulz stellt die Selbststeueranlage ein und schaut dem Treiben auf dem Radarschirm zu. Jedes Licht ein Fahrzeug, dass im Kanal unterwegs ist. Hinzu kommen Signale und Lichter der Betonnung, die das Fahrwasser begrenzen. Ihr Blinksignal verrät dem Lotsen, an welcher Stelle er sich befindet.

Kollege Christoph Zobel hat schon lange seinen Dienst in der Radarführung Brunsbüttel beendet, als Schulz die Station passiert. Für ihn ist in drei Stunden Schichtende, wenn der Hafenlotse kurz vor Hamburg zusteigt und die HANSE SPIRIT in den Containerhafen »Altenwerder« lotst. Olaf Schulz wird gegen zwei Uhr am Anleger Teufelsbrück aussteigen, sein Auto aufsuchen und nach Elmshorn fahren. Für ihn gehen dann zwölf Stunden Arbeit zu Ende. Zwölf Stunden im Leben eines Elblotsen.

Das Lotsen-Mutterschiff ELBE in Bremerhaven kurz vor der Wachablösung.

Blickkontakt zum Kunden. Der Autotransporter EMDEN in Richtung der Seehafenstadt Emden, um 3.000 Neuwagen zu laden.

AUSBILDUNG

Kapitäne wechseln oft die geografische Nähe von Heimatort zum Arbeitsplatz gegen die Ozeane, auf denen sie viele Jahre unterwegs waren. Der Beruf des Lotsen ist anspruchsvoll und abwechslungsreich. Und trotz der guten Bezahlung und relativ solider Arbeitszeiten ist der Job nicht gerade überlaufen. Ganz im Gegenteil: Die Brüderschaften an der deutschen Küste suchen händeringend Nachwuchs. Kapitäne sind rar und meist bei gut zahlenden Reedereien tätig.

Aufgrund der langen Ausbildungs- und Anlernzeit kommen nicht viele Aspiranten in Frage. Um eigenständig und eigenverantwortlich ein Schiff zu lotsen, bedarf es einer langen Anlaufzeit. Neben dem Patent für »Kapitäne auf großer Fahrt ohne Einschränkungen« muss ein Bewerber auch zwei Jahre in seiner Funktion gefahren sein.

Noch vor einigen Jahren waren es mindestens 15 Jahre, die der angehende Lotse auf den Meeren unterwegs gewesen sein musste. In den 90er-Jahren waren es nur noch vier Jahre, heute sind es zwei Jahre, die ausreichen, um genug Erfahrung für den Job mitzubringen. In diesen zwei Jahren sollte der angehende Lotse die Zusammenhänge der Seewirtschaft verinnerlicht haben, um sie später eigenverantwortlich umzusetzen.

Der Lotse ist Berater des Kapitäns und gliedert sich während der Lotsung in den Schiffsbetrieb ein. Neben den seemännischen und nautischen Voraussetzungen sind es auch die unterschiedlichen Sprachen, Kulturen, ethnische Unterschiede und Umgangsformen, die der Aspirant verstehen und umsetzen sollte. Der Lotse muss Vertrauen und Ruhe ausstrahlen, muss belastbar und entscheidungsentschlossen sein.

Lotsen sollten sich innerhalb kürzester Zeit auf Fahrt- und Manövriereigenschaften eines fremden Schiffes einstellen können. Wetterlage, Strömung und Gezeiten soll er erkennen und einschätzen können.

Nach erfolgreicher Bewerbung bei der Wasser- und Schifffahrtsdirektion durchläuft der Anwärter eine achtmonatige Ausbildung im jeweiligen Revier. Dabei begleitet er einen erfahrenen Kollegen und erlernt die Feinheiten des Jobs. Nach bestandener Prüfung erhält er die Bestallung. Nach drei bis vier Jahren auf verschiedenen Schiffsgrößen erhält der neue Kollege die Zulassung ohne Schiffsgrößenbegrenzung.

In der heutigen Zeit werden Güter fast ausschließlich in Containern verladen und über die Weltmeere geschickt. Die Häfen in Hamburg (Bild mit typischem Hamburger Schmuddelwetter) und Bremerhaven sind die größten Containerhäfen in Deutschland.

Zwei bis drei Mal jährlich werden die Luxusliner-Neubauten der Papenburger Meyer Werft über die schmale Ems Richtung Emden verholt. Eine Herkulesaufgabe für die Emder Lotsen, die mit mehreren Kollegen das Schiff betreuen. Im Bild die 2012 gebaute AIDAmar.

UNTERWEGS AUF DER EMS

Landgestütztes Versetzsystem

Emden. Vor einer Stunde hat der norwegische Autotransporter NOCC PAMPLONA den Lotsen bestellt. In der Lotsenstation herrscht an diesem Abend reges Treiben. Auf der Ems ist eine Menge los, viel Arbeit für die Lotsen. Kurz vor 23 Uhr machen sich der Hafen- und der Seelotse auf den Weg.

Das 177 Meter lange Schiff liegt an der VW-Pier und will mit dem Hochwasser in Richtung Sheerness auslaufen. Für die Strecke von Emden bis zur Insel Borkum wird das Schiff etwa vier Stunden brauchen. Bei guter Sicht und ruhiger See eine angenehme Aufgabe, denn das Seegebiet um den westlichsten Hafen Emden ist wegen der vielen Untiefen und der unberechenbaren See ein schwieriges Gebiet. Der Kapitän ist erleichtert, als die Lotsen die Brücke betreten und das Kommando zum Ablegen an die Schlepper geben. Langsam nimmt das Schiff Fahrt auf.

Wenig später übernimmt der Seelotse das Kommando an Bord, der Hafenlotse macht sich wieder auf den Weg zur Lotsenstation. Dieser Job war der Letzte an diesem Tag, morgen Abend erst wird er wieder dicke Pötte durch das Nadelöhr der Ems führen.

Das Revier der Ems-Lotsen erstreckt sich von Papenburg bis etwa zehn Kilometer westlich von Borkum. 34 Lotsen beraten ein- und auslaufende Schiffe – wie auch die Ozeanriesen der Meyer Werft in Papenburg.

Die Nordsee wird zum Hexenkessel

Auch Lotsungen auf der Ems in Richtung Papenburg gehören zum Aufgabengebiet der Brüderschaft »Emden«. Sie ist die kleinste Berufsgruppe an der deutschen Nordseeküste mit etwa 34 Kollegen. Trotzdem ist das Seegebiet zwischen Borkum und Emden viel befahren und gilt als unberechenbares Pflaster unter Seeleuten. Das Wetter ändert sich zum Teil binnen weniger Stunden vom Ententeich bis zur tosenden See, mit über zwei Meter hohen Wellen. Dann wird die Nordsee zum gefährlichen Hexenkessel, und jeder Kapitän ist froh, wenn er einen erfahrenen Lotsen zur Seite hat, der den Weg auch dann noch kennt, wenn sich Seezeichen versetzen und die Rinne zwischen den seichten Flächen nur noch zu erahnen ist. Die Emder Lotsen kennen ihr Revier wie kein anderer, wissen um die Gefahren und orten die gefährlichen Sandbänke, die sich wie von Geisterhand versetzen und plötzlich dort auftauchen, wo sie keiner gebrauchen kann.

Gerade die riesigen Autotransporter mit Bordwänden, die bei den starken Winden aus Nordwest wie Segel wirken, machen das Navigieren anspruchsvoll. Hinzu kommen der plötzlich auftretende Seegang bei Borkumriff oder große Untiefen, die das Strömungsverhältnis verändern. Alles das kennt der Lotse, kann darauf reagieren, weil er es schon Hunderte Mal gemacht hat.

Eines der neuen Versetzboote der Ems-Lotsen, die FRYA.

unten: Die mittlerweile abgelöste KAPITÄN BLEEKER auf Seeposition.

Er ist nicht nur dem Schiff, seiner Besatzung und der Ladung verantwortlich: Flora und Fauna, Strände und die einzigartige Tierwelt rund um das Wattenmeer gilt es zu schützen. Schiffsunfälle mit auslaufendem Öl und Kraftstoffen können die Umwelt auf viele Jahre schädigen.

Gefährliche Strömungen und Seitenwinde

Damit werden Kapitän und Lotse an diesem Abend kein Problem haben. Das Wasser hat nur wenig Bewegung, kaum Strömung, und die Sicht könnte nicht besser sein. Wenn es auf der Ems richtig kachelt, hat der Nautiker alle Hände voll zu tun. Die Strömungen machen die 120 Meter breite Fahrrinne zwischen Backbord- und Steuerbordtonne zu einem engen Korridor, besonders dann, wenn sich zwei große Schiffe entgegenkommen. Radarberatung bekommen die Lotsen von »Ems-Traffic«. Die Kollegen an den Bildschirmen überwachen das gesamte Revier, beraten die Lotsen, geben wichtige Hinweise zum Wetter, zu Entgegenkommern und der Fahrtroute. Bei schlechter Sicht sehen vier Augen mehr als zwei – eine Sicherheit für den Mann auf der Brücke.

Auf halber Etappe passiert der Autotransporter den niederländischen »Eemshaven« – ein kleiner Hafeneinschnitt, der vor etwa 20 Jahren entstanden ist, als in Emden der »Dollarthafen« gebaut werden sollte. Ein Mega-Hafenprojekt, das sich von der Seehafenstadt bis zum Radarturm »Knock« erstrecken sollte. Das etwa zwölf Kilometer lange Hafenbecken sollte Platz für die großen Autotransporter und Containerfrachter bieten, die Emden anlaufen sollten. Nach unendlichen Planungen und etlichen Änderungen wurde aus dem Hafen ein Papiertiger und am Ende gar nichts.

Seit einigen Jahren ist man entschlossen, am sogenannten »Rysumer Nacken« eine abgespeckte Version des »Dollarthafens« zu errichten. Dank des Windenergiebooms will man auf den fahrenden Zug aufspringen und sich der Goldgräberstimmung am lukrativen Offshore-Markt bedienen.

Neben der Windenergiefirma »Enercon« hat sich in den letzten Jahren auch »Bard« und »SIAG« im Emder Hafen niedergelassen. Sie sorgen dafür, dass sich die Emder Lotsen über mangelnde Arbeit nicht beschweren können.

Große Erzschiffe liefen Emden an

In den Sechzigern waren es die großen Stückgut- und Massengutfrachter, die nach Emden kamen. Der Seehafen war Anlaufstation für Erzfrachter, die auf Seeposition teilentladen wurden, damit sie Emden anlaufen konnten. Das Eisenerz kam mit großen Schaufeln aus den Schiffsbäuchen, mit Waggons in Richtung Ruhrgebiet, um den großen Eisenwerken Nachschub zu liefern.

Nach ruhigen Jahrzehnten erfährt der Hafen seit einigen Jahren Auftrieb und hat sich zum Nischenhafen für die besonderen Güter entwickelt. Highlights sind die Überführungen der Passagierschiffe, die bei der Meyer Werft in Papenburg gebaut und über die Ems in Richtung offenes Meer gelotst werden. Ein Spektakel für tausende Schaulustige an den Deichen des schmalen Flusses und Herkulesaufgabe für die Emder Lotsen. Niedrige Wasserstände, die Strömungen, enge Kurven und auflandige Winde machen die Überführungen nicht einfacher – zumal die Schiffe nicht vorwärts die Ems passieren, sondern mit dem Heck zuerst.

Das Leben an Bord:
Lotsen beim Frühstück in der Messe, Warten auf die Versetzung im Wachraum (o.), Freiwache in der Kammer, Pause an Deck (Mi.), in der Kombüse, Ende der Wache und Blick auf die Nordsee (u.).

Die FRYA im Revier (li.), auf der Brücke der KAPITÄN BLEEKER.

Findige Ingenieure haben herausgefunden, dass im Rückwärtsgang das Wasser unter das Schiff gedrückt wird und für mehr Auftrieb sorgt. Auch lässt sich der Neubau mit dem »Hintern« zuerst besser steuern. Ein Sperrwerk staut den Fluss, damit überhaupt genug Wasser für die Überfahrt da ist.

Emden ist Auto-Drehscheibe

Neben den Windmühlen gehören seit Jahrzehnten Autos zum täglichen Geschäft im Emder Hafen. Der Volkswagen-Konzern lässt seine Modelle von Emden nach Übersee verschiffen. Die großen Autotransporter, die aussehen wie schwimmende Schuhkartons, sind gewohntes Bild im Außenhafen. Die teils 20 Meter hohen Bordwände sind für die Lotsen nicht ungefährlich, wenn sie den Weg zur Brücke über wackelige Strickleitern erklimmen müssen. Jeder Lotse kann davon berichten, was auf den Leitern passiert ist. Und alle denken an die Kollegen, die dabei ihr Leben verloren oder der Gefahr unmittelbar gegenüberstanden. Dann, wenn sich die Lotsentreppe in der aufgewühlten See um die eigene Achse dreht und der Mann plötzlich zwischen Bordwand und Leiter eingeklemmt ist. Kurz vor Borkum nimmt der Lotse Kontakt zur KAPITÄN BLEEKER auf, dem letzten auf Seeposition verbliebenen Stationsschiff. Seit 1963 dümpelt das 55 Meter lange Hotelschiff etwa zehn Kilometer westlich der Nordseeinsel Borkum. Die Lotsen werden mit kleinen Versetzbooten zu den ein- und auslaufenden Schiffen gefahren. Bei ruhigem Wetter eine »Butterfahrt«, bei starkem Seegang wird das sieben Meter lange, offene Boot zum Spielball der Wellen – ein »Hexentanz«. Mit fünf Knoten kämpfen die orangen »Nussschalen« gegen Wellen, Wind und die Strömung – immer zuverlässig und mit dem eisernen Willen, auch diesmal einen guten Job zu machen.

Schwimmendes Hotel seit fast 50 Jahren

An Bord der KAPITÄN BLEEKER wird alles für das Versetzmanöver vorbereitet. Die Wachmannschaft zwängt sich in die Allwetterkleidung und legt Schwimmwesten an. In einer kleinen Kammer warten die drei Männer auf ihren Einsatz. Einer von ihnen bleibt an Bord und bedient die Winde, mit der das Boot zu Wasser gelassen wird.

Über Funk wird besprochen, wie das Manöver ablaufen soll – an welcher Seite des Schiffes der Lotse übergeben wird, welchen Kurs das Schiff steuern soll und wie schnell es sein darf. Minuten später wirft der Bootsführer den Diesel an und bedächtig tuckert die Schale in Richtung Kundschaft. Auf der Brücke der BLEEKER wird das Manöver genau beobachtet. Langsam nähert sich das kleine Boot und versucht sich unter der Strickleiter auf Position zu halten. Bei hohem Seegang tanzt das Boot an der Bordwand wie der Teufel um das Feuer, wird gegen das Schiff gedrückt und abgedrängt. Das Zusammenspiel aus Rudermanöver und dem richtigen Zeitpunkt für den Sprung ins Boot lässt die Sache einfach aussehen. Doch die Anspannung ist riesengroß. Manchmal fehlen erfahrene Hände an Bord der Seeschiffe, die zupacken, wenn sie gebraucht werden.

Erleichterung, wenn der Lotse an Bord ist

Man sieht die Erleichterung in den Gesichtern, wenn der Lotse sicher auf dem Boot ist und die Besatzung in Richtung Mutterschiff den Diesel aufheulen lässt. Es ist die gefährlichste Phase einer Lotsung – abgesehen vom nautischen Geschick und Schlechtwetter.

Die NOCC PAMPLONA hat das Lotsgebiet nun verlassen und macht sich auf den Weg nach Belgien. Für heute ist der Job erledigt. Keine Ahnung, wann das nächste Schiff in Richtung Emden geht.

In die Jahre gekommen

Das fast 50 Jahre alte Schiff ist in die Jahre gekommen und versprüht gediegene Gemütlichkeit zwischen Gemeinschaftskojen, Toiletten auf dem Gang und dem Luxus einer 70er-Jahre-Jugendherberge. Das Schiff hat in den vergangenen Jahrzehnten zuverlässig seinen Dienst absolviert, war rund um die Uhr auf Position und hat der starken Nordsee getrotzt. Unzählige Male sind die kleinen Versetzboote zu ihren Kunden gefahren und haben die Seelotsen sicher abgesetzt.

Die KAPITÄN BLEEKER war das Letzte der sechs baugleichen Schiffe. Auf den Lotsrevieren der Nordsee arbeiten nun neue Versetzboote und Mutterschiffe einer neuen Generation. Bis auf das Emsrevier fahren an Elbe, Jade und Weser sogenannte Doppelrumpfschiffe, die in den letzten Jahren die Einrumpfsschiffe ersetzten. Lediglich die Lotsen in Emden haben ein anderes System, um zu den Seeschiffen zu kommen.

Lange Zeit waren sich Lotsen und die Schifffahrtsverwaltung nicht einig, wie das neue System aussehen soll. Die Kollegen der Brüderschaft »Emden« hätten gerne die BLEEKER gegen einen Neubau gleicher Art und Güte getauscht. Die Wasser- und Schifffahrtsdirektion tendierte zum Wechsel auf die landgestützte Version.

Die Lotsung beginnt an der »Westerems«-Tonne

Das Lotsgebiet beginnt etwa 14 Seemeilen nordwestlich vor der Ferieninsel Borkum – auf der Position »Westerems« und vor der ersten Untiefe. Große Schiffe werden etwa 20 Seemeilen vorher mit einem Lotsen besetzt. Ist das Aussetzen eines Lotsen bei Schlechtwetter zu gefährlich, bekommt das Schiff in Höhe von Borkum seinen Nautiker. Auf dem Weg dorthin gibt es für den Kapitän funktechnische Radarunterstützung von »Ems-Traffic«. Und dann gibt es noch die Schiffe, die für ganze Routen einen Lotsen bestellen. Dann kann es sein, dass der Lotse mit dem Flugzeug zurück in die Heimat kommt.

Das neue Versetzsystem ist basisgestützt von der Insel Borkum und wird mit 19 Meter langen Speedbooten gemeistert. Die 30 Knoten schnellen Hightechflitzer fahren von der Insel zu den anfordernden Schiffen und versetzen direkt. Die etwa zehn Kilometer lange Fahrt wird durch die hohe Geschwindigkeit wettgemacht.

Mittlerweile hat sich das neue System bewährt, Zweifel einiger Lotsenkollegen sind den Vorteilen gewichen. Sicher steckt viel Wehmut in vielen Köpfen, denn die alte Dame Kapitän Bleeker hatte Patina und war ein Schiff mit Herz und Seemannschaft. Die neuen Doppelrumpf-Mutterschiffe sind mit allem ausgestattet, was moderne Schiffe heute zu bieten haben: großzügige Unterkünfte für die Lotsen, Kabinen mit kunststoffvertäfeltem Charme – dafür mit Nasszelle und Telefon. Das Essen aus der Kombüse wird nun am kaltwarmen Buffet serviert. Den Komfort genießen die Lotsen. Die Arbeit ist schwierig genug.

Der Kunde steht im Vordergrund

Trotz und wegen der Technik geht es in erster Linie darum, den Kunden zufriedenzustellen. Das sind Reedereien, Befrachter, Agenten und Schiffsführungen. Zeit ist Geld, Liegeplätze und Hafenaufenthalte teuer. Geld wird verdient, wenn ein Schiff so schnell wie möglich von A nach B gelangt. Verzögerungen kosten Geld, und inmitten dieser Anforderungen steht der Lotse, einer der wichtigsten Bausteine, wenn es um die Anfahrt an den Zielhafen geht. Die Auftraggeber dulden keine Wartezeit, weil kein Lotse verfügbar ist. Die Kunden wollen prompt bedient werden.

Dass immer genug Lotsen verfügbar sind, ist eine logistische Herausforderung. Zur Not muss ein Kollege mit dem Taxi von Emden zum niederländischen »Eemshaven« fahren, um vom Versetzboot in Empfang und auf das nächste Schiff weitergereicht zu werden. Wenn alle Stricke reißen, nimmt der Kapitän des Lotsenschiffes das nächste Versetzboot, um auszuhelfen. Denn auch er ist Lotse und hat für ein halbes Jahr den Lotsendienst gegen das Kommando auf der Bleeker getauscht. Das macht jeder einmal.

Blick durch das Fenster der FRYA auf den Kunden.

PILOT
BORKUM

MODERNSTE TECHNIK IM EINSATZ

Tender BORKUM legt vom Mutterschiff WESER ab. Dieser Tender ist jetzt im Emsrevier tätig.

Doppelrumpftechnik anstelle »Monohull«

Fast 50 Jahre hatte das Lotsenstationsschiff KAPITÄN BLEEKER auf dem Buckel und lag bis Ende 2012 fast rund um die Uhr auf Seeposition westlich von Borkum. 1963 bei der Meyer Werft in Papenburg gebaut, hat es der Besatzung einen guten Arbeitsplatz und den Lotsen einen angenehmen Aufenthalt zwischen den Einsätzen beschert.

Die Lotsen werden seit Außerdienststellung landgestützt von der Insel Borkum versetzt. Anstelle eines großen Stationsschiffes sind es nun schnelle Speedboote, die die Lotsen zu ihren Schiffen fahren. Der 25 Meter lange Doppelrumpftender BORKUM wird sie unterstützen.

Anders ist es an Elbe und Weser. Bereits seit 2000 sind moderne, 50 und 60 Meter lange Swath-Stationsschiffe im Dienst. Ihre Vorgänger waren baugleich mit der KAPITÄN BLEEKER – sind mittlerweile verkauft oder verschrottet. Einzig die KAPITÄN KÖNIG steht den Weser-Lotsen als Ersatzschiff zur Verfügung. Statt der Einrumpfschiffe werden heute Doppelrumpfschiffe oder Swath-Tender eingesetzt. Die Besonderheit daran sind zwei torpedoförmige Schwimmkörper, die unterhalb der Wellen für Auftrieb sorgen – vergleichbar mit einem Katamaran. Das Schiff schaukelt nicht nach allen Seiten, sondern bleibt bei hohen Wellen ruhig in der See liegen.

»Swath« steht für »Small Waterplane Area Twin Hull« und bedeutet, dass zwei Schwimmkörper die Basis bilden.

Auf vier Stelzen (»Struts«) steht das Deckshaus. Die Wellen laufen unter den Aufbauten hindurch, ohne das Schiff zum Rollen zu bringen.

Sicheres Übersetzen der Lotsen

Für den Versetzdienst bringt die neue Technologie viele Vorteile. Die Bordwand des neuen Tenders ist höher. Das Übersetzen auf ein Seeschiff birgt nun weniger Gefahr. Die Versetzer (25-Meter-Swath-Tender) sind schneller als die herkömmlichen offenen 7-Meter-Boote und können den Lotsen übergeben, ohne dass das Seeschiff die Geschwindigkeit drosseln muss. Früher legte sich das Versetzboot an die windabgewandte Seite, um den Lotsen zu übergeben. Dazu verlangsamte das Seeschiff die Fahrt und änderte oftmals den Kurs. Moderne Containerschiffe fahren mit 20 Knoten (etwa 40 Kilometer in der Stunde) und lassen sich bei niedrigen Geschwindigkeiten schlecht manövrieren.

Technik »Made in Germany«

Swath ist nicht neu: Bereits 1930 wurde in Deutschland geforscht und Prototypen entwickelt. Die deutsche Werft »Abeking & Rasmussen« in Lemwerder hat um die Jahrtausendwende ihr erstes Swath-Schiff fertiggestellt. Für die Lotsen sind bis heute zwei 60 Meter und ein 50 Meter langes Stationsschiff (ELBE und WESER – beide 2010 sowie HANSE aus 2000 als Reserve) – sowie fünf 25 Meter lange Versetztender (DUHNEN, DÖSE, WANGEROOGE, BORKUM und GRODEN) im Einsatz. Die Stationsschiffe haben jeweils zwei 7,5 Meter lange Boote für den Versetzdienst an Bord. Das neue Swath-Konzept für den Lotsendienst wurde unter dem

Mutterschiff WESER im Revier. Zuständig für die Lotsen auf Weser und Jade.

Lotsententender Borkum im Revier (o.),
das alte Stationsschiff Kapitän König (o. re.) und
der Nachfolger, das Mutterschiff Weser (u.).

Die Steuerbord-Nock der WESER mit allem Handwerkszeug für eine sichere Navigation. Kein Vergleich zu den Stationsschiffen der vorigen Generation.

Namen »Elbe-Range« entwickelt, getestet und erstmals in Europa auf Arbeitsschiffen ins Leben gerufen.

Sicherheit für den Versetzdienst

Durch die modernen und seetauglichen Schiffe dehnte sich der Aktionsradius bis weit in die Deutsche Bucht aus. Somit kann der Lotse früher sein Schiff übernehmen. Dann, wenn schwierig zu navigierendes Seegebiet beginnt, und nicht erst, wenn der Seegang es zulässt überzusetzen. Große Tankschiffe, die den Tiefwasserweg vor der Deutschen Bucht befahren, werden mit dem Hubschrauber von Wilhelmshaven besetzt.

Auch niederländische und belgische Lotsen versehen ihren Dienst mit den Doppelrumpfschiffen aus Deutschland. Im vergangenen Jahr wurde der bislang letzten Neubau eines 60-Meter-Stationsschiffes (WANDELAAR) und drei 25-Meter-Tender an die belgischen Lotsen von »A & R« ausgeliefert. Nach anfänglicher Skepsis lösten sich Bedenken gegen das neue System auf. Nostalgie schwelgte einher sich von alten Systemen und Traditionen zu trennen. Doch der Fortschritt in der Seefahrt und kosteneffizientes Arbeiten ließen keine Alternativen zum Swath-System zu.

Speedboote fahren mit 30 Knoten

Schnelle Speedboote bringen die Lotsen an der Ems zu ihren Kunden. Die französische Werft »Bernard« lieferte bislang drei 30 Knoten (etwa 60 Kilometer in der Stunde) schnelle Einrumpftender aus. Sie fahren von Borkum zur Versetzposition »Westerems«. Ein weiteres Boot ist für die Kollegen in Bremerhaven vorgesehen. Die hochseetauglichen, 20 Meter langen Kunststoffboote haben einen mehrfach abgekanteten Rumpf. Dadurch soll das Schiff ohne Roll- und Stampfbewegungen durch die Wellen gleiten.

Das Heckwasser der WESER, mit 13 Knoten ist das Stationsschiff schnell unterwegs. Links die fast baugleiche WANDELAAR für die belgischen Lotsen am Kai der Bauwerft in Bremerhaven.

FAHRZEUGE DER LOTSEN

Stationsschiffe

Der Decksaufbau ist oberhalb der Wasserlinie und bietet keine Angriffsfläche für die Wellen. Sie laufen unter den Aufbauten hindurch. Somit liegt das Schiff ruhiger in der See und hat fast keine Rollbewegungen. Einrumpfschiffe bekommen bei Seegang die volle Kraft der Wellen zu spüren. Heute werden größtenteils Arbeits- und Behördenschiffe in Doppelrumpftechnik gebaut. Weiterer Vorteil ist der Diesel-Verbrauch, denn die Swaths haben weniger Verdrängung und bieten somit weniger Widerstand im Wasser. Allerdings verdrängt die Wirtschaftlichkeit die Optik dieses Schiffstyps. Swaths bieten weniger Möglichkeiten bei der Ästhetik.

60-m-Stationsschiff

WESER und ELBE (2010)

Länge: 60 Meter
Breite: 24 Meter
Tiefgang: 6,5 Meter

Material: Aluminium
Antrieb: Diesel-Elektr.
4 MTU mit insg. 3.040 kW
Geschwindigkeit: 13 Knoten
(ca. 24 Kilometer pro Stunde)
Besatzung: bis 34 Personen
Lotsen: bis 50 Personen

Blick auf den Kommandostand der neuen Stationsschiffe.

Das Swath-Schiff wird auf zwei torpedoförmigen Schwimmkörpern getragen. In ihnen befinden sich die Antriebe. Die Aufbauten-Plattform liegt über der Wasserlinie (li.).

50-m-Stationsschiff

HANSE ex ELBE (2000)
und Ersatz (CUXHAVEN)

Länge: 50 Meter
Breite: 22,5 Meter
Tiefgang: 3,5 Meter

Material: Aluminium
Antrieb: Diesel-Elektr.
MTU mit insg. 2.000 kW
Geschwindigkeit: 14 Knoten
(ca. 26 Kilometer pro Stunde)
Besatzung: 20 Personen
Lotsen: bis 40 Personen

Das Stationsschiff HANSE ist seit 2000 im Dienst.
Es das Ersatzschiff für die neueren Mutterschiffe ELBE und WESER. Die HANSE ist etwa zehn Meter kürzer.

Der Doppelrumpftender HANSE im Dock. Gut zu erkennen die beiden »Torpedos«, auf denen das Schiff »steht«. Die kleinen »Flügel« sind Stabilisatoren (re.). Bild: A&R

25-Meter-Tender

Duhnen (1999), Borkum (2011), Wangerooge (2004), Döse (1999), Groden (2011)

Länge: 25,65 Meter
Breite: 14,26 Meter
Tiefgang: 2,7 Meter
Gewicht: 125 Tonnen

Material: Aluminium
Antrieb: Diesel-Elektr.
2 MTU Typ 12V 2000 M70 mit je 788 Kilowatt
Geschwindigkeit: 18 Knoten
(ca. 35 Kilometer pro Stunde)
Besatzung: 2 Personen
Lotsen: bis 8 Personen

25-Meter-Lotsentender

Die neuen Lotsentender bieten mehr Komfort und Sicherheit beim Umsteigen der Lotsen auf die Schiffe. Allein der Tender Duhnen hat bis Ende 2011 über 222.000 Versetzungen durchgeführt.

Insgesamt sind fünf dieser modernen Schiffe in der Nordsee im Einsatz. Der Tender BORKUM (Bild) unterstützt die Lotsen im Ems-Revier.

Die Boote sind komplett aus Kunststoff gefertigt. Es wird sich zeigen, ob sie stabil genug für die raue Nordsee sind. Die Einrichtung ist eher spartanisch und funktionell. Als Arbeitsgerät ein Meilenstein zu den bisherigen Fahrzeugen.

Das Cockpit der FRYA gleicht dem eines Flugzeugs. In bequemen Sesseln haben bis zu acht Lotsen Platz.

20-Meter-Orca-Speedboote

Die Speedboote ersetzen das bisherige Prinzip der Versetzung. Die schnellen Boote operieren landgestützt von der Insel Borkum und fahren zur Versetzposition – zehn Kilometer westlich der Insel. Früher lag dort das Stationsschiff KAPITÄN BLEEKER.

Orca P 190

FRYA, FRESENA (2011)

Länge: 19,60 Meter
Breite: 6,30 Meter
Tiefgang: 1,80 Meter
Gewicht: 30 Tonnen

Material: Kunststoff
Antrieb: Turbodiesel
2 MTU mit je 900 Kilowatt
Geschwindigkeit: 30 Knoten
(ca. 60 Kilometer pro Stunde)
Besatzung: 2/3 Personen
Lotsen: bis 8 Personen

Die Speedboote der französischen Werft »Bernard« sind seit 2011 im Einsatz. Sie erreichen eine Geschwindigkeit von 30 Knoten (etwa 60 Kilometer in der Stunde).

Im Jahr 2012 war das Letzte der 55-Meter-Schiffe noch im Einsatz, die KAPITÄN KÖNIG der Weser-Lotsen. Nach ihrem Willen soll das Schiff noch ein paar Jahre fahren.

KAPITÄN KÖNIG

Länge: 55 Meter
Breite: 9,50 Meter
Tiefgang: 4 Meter
Gewicht: 30 Tonnen

Material: Stahl/Aluminium
Antrieb: Diesel-Elekt.
3 x 400 Kilowatt
Geschwindigkeit: 13 Knoten
(ca. 24 Kilometer pro Stunde)
Besatzung: 16 Personen
Lotsen: bis 30 Personen
Baujahr: 1963, J. Meyer Werft, Papenburg

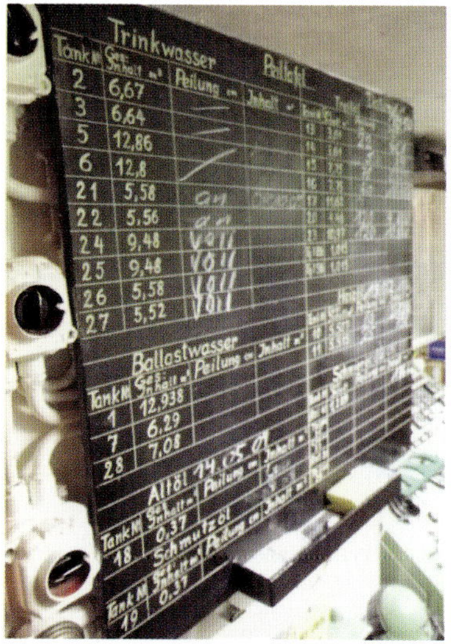

55-Meter-Stationsschiffe

Die Stationsschiffe der letzten Generation: Insgesamt waren sechs der »Monohull«-Verdränger über 40 Jahre im Einsatz. Sie wurden entweder verkauft, sind anderweitig im Einsatz oder verschrottet.

Die Brücke auf den alten Stationsschiffen: Nostalgie pur. Über 40 Jahre waren sie im Einsatz auf den Revieren Elbe, Weser und Ems (o.).

Kollegen auf See. Das Stationsschiff KAPITÄN BLEEKER auf dem Weg in den Schutzhafen der Insel Borkum – begrüßt vom Vormann des Seenotkreuzers ALFRIED KRUPP. Man kennt sich auf See.

FAHRZEUGE DER LOTSEN

Lotsenschiffe aus verschiedenen Generationen: Versetzboote KNOCK und KAMPEN (Emden), Boot BREIHOLZ/Rüsterbergen (NOK – o. re.).
Die Station Cuxhaven (o. li.) mit kleineren Tendern der Stationsschiffe.
Rechts der Versetzer der Jade-Lotsen (Wilhelmshaven).

Im Einsatz in Bremerhaven: Versetzschiff WESERLOTSE (li. o.) und Museumsschiff SEELOTSE (li. Mi.), KAPITÄN KIRCHEISS (Brunsbüttel, u. li.) und das Versetzboot für die Kieler Förde BÜLK (o.). LOTSE 1 bringt im Hamburger Hafen die Kollegen zu den Schiffen.

»Swash« statt »Swath«

Für die Elbe-Lotsen wurde Ende 2012 ein neues »Swash«-Versetzboot (»Small Waterplane Area Single Hull«) in Dienst gestellt. Entgegen der Doppelrumpftender hat dieser flachgehende Versetzer nur einen »Torpedo«, in dem die Antriebsmaschine untergebracht ist. Der Neubau wird im flachen Wasser und in Küstennähe eingesetzt. Wie alle Swath-Schiffe werden die Neubauten kopfüber zusammengeschweißt. Erst nach Fertigstellung des Rumpfes wird das Schiff gedreht, um danach alle Leitungen und Aggregate zu installieren. Das neue »Swashy«, wie es genannt wird, hat eine Länge von 20 Metern und eine Breite von zwölf Metern. Die Seeeigenschaften dieses Prototyps sollen ähnlich sein wie bei den Doppelrumpftendern.

Bilder: Elbe-Lotsen

Die Vorteile sind zu erkennen: weniger Angriffsfläche bei starker See und weniger Kraftstoffverbrauch durch die Reduktion der Verdrängung. Dies wird damit erreicht, dass sich ein Großteil des Bootes außerhalb des Wassers befindet. Abbildungen: A&R

Dieser von Abeking & Rasmussen entwickelte Prototyp eines »Single-Hull«-Bootes könnte sich in den kommenden Jahren bei vielen küstennah eingesetzten Booten durchsetzen.

Große Autotransporter nehmen in Bremerhaven, Hamburg oder Emden tausende Fahrzeuge an Bord. Mit modernen Speedbooten werden an der Ems die Kollegen auf die Schiffe versetzt. Dafür müssen sie ihre Geschwindigkeit nicht drosseln. Mit den starken Motoren können die Kollegen bei gemäßigter Fahrt übergeben werden.

DAS LEBEN AN BORD

Schmuggel: Empfänger gleich Absender

Schnaps ist Schnaps, sagen sich die Ostfriesen, vor allem wenn er steuerfrei zu beschaffen ist. Die Männer des Lotsenschiffes KAPITÄN BLEEKER packten in einem fort Pakete. Immer, wenn der Tonnenleger GUSTAV MEYER vom Wasser- und Schifffahrtsamt Emden bei dem 16 Seemeilen vor der Emsmündung verankerten Lotsenschiff vorbeikam, nahm er sie mit zurück an Land, mal kleinere, mal größere.

So ging das über Jahre. Und immer wurde die Paketpost von Bord auf dem Tonnenhof des Wasser- und Schifffahrtsamtes in Emden deponiert, zwischen gelagerten Seezeichen. Die Pakete hatten keine üblichen Adressen, sie waren mit Kreisen und Strichen bemalt, aber die Sendungen kamen immer an die richtige Adresse.

Abholer waren diejenigen, die das Paketgut auf See aufgegeben hatten: Besatzungsmitglieder der KAPITÄN BLEEKER. Wenn sie dienstfrei hatten und für jeweils 14 Tage an Land waren, holten sie sich die sorgsam gekennzeichneten Pakete vom Tonnenhof ab.

Der Inhalt: Konterbande. Viele Jahre lang, schätzt der Zoll, müssen auf diese Weise unversteuerte Zigaretten und Alkoholika in Mengen vom Lotsenschiff der Emder Lotsenbrüderschaft mit brüderlicher Hilfe der vom Zoll unkontrollierten Wasserfahrzeuge des Schifffahrtsamtes landwärts verbracht worden sein.

Schmuggel über den holländischen Hafen

So ginge es wohl auch noch heute, wenn die Schmuggler in öffentlichen Diensten immer sauber den Seeweg eingehalten hätten. Den entscheidenden Fehler machte ein Matrose, der sich nach dem üblichen Mannschaftswechsel – zwei 16-köpfige Besatzungen lösen einander im Zwei-Wochen-Rhythmus ab – an der benachbarten holländischen Küste absetzen ließ.

Als er mit einigen Stangen unverzollter Zigaretten über die Grenze nach Emden heimkehren wollte, erwischte ihn der Zoll. »Da haben wir geschaltet«, so ein Fahnder, »wo einer schmuggelt, da schmuggeln noch andere.«

Jahrelang hatte der Zoll in Emden ohne Arg zur Kenntnis genommen, dass sich die Mannschaften der KAPITÄN BLEEKER beim Schiffsausrüster mit Schnaps und Rauchwaren versahen und die Waren als zollfreien Hochseeproviant mit an Bord nahmen. Nun aber sahen die Zöllner die Bücher des Schiffsausrüsters durch und fingen an zu rechnen. 33.784 Flaschen Schnaps und 5,9 Millionen Zigaretten hatten die 32 Mann im Lauf des Jahres auf das Lotsenschiff verbracht. Wenn sie wirklich alles an Bord geschluckt und verpafft hätten, wäre zwar den Zollbestimmungen Genüge getan. Doch selbst trinkfeste Ostfriesen hätten mehr als eine Flasche Schnaps pro Kopf und Arbeitstag kaum ohne Folgen konsumieren können – geschweige denn die 202 Zigaretten, die rechnerisch auf jeden Seemann entfielen.

Dienstschiffe waren involviert

So kam es, dass sich die Zollfahnder von den Besatzungsmitgliedern keinen blauen Dunst mehr vormachen ließen. Und in den Vernehmungen stellte sich nun heraus, dass nicht nur der Tonnenleger GUSTAV MEYER als Schmuggelschiff tätig gewesen war, sondern auch das Bereisungsschiff EMS des Wasser- und Schifffahrtsamts, das von Amts wegen die Küste zu kontrollieren hat.

Gelegentlich hatten die Schmuggler auch den Luftweg gewählt. Die Ermittler fanden heraus, dass Bundeswehrhubschrauber bei Seenotübungen nicht nur, über dem Lotsenschiff schwebend, trainierten, wie man Besatzungsmitglieder an Bord winscht, sondern dass auch das eine oder andere Paket mit hochgehievt wurde.

Im Unterschied zur Seefracht war die Luftpost ordentlich adressiert. Die Hubschrauberpiloten gaben sie auf dem Postamt auf; die Paketzusteller brachten den Männern vom Lotsenschiff dann die Sendungen ins Haus. Den Beteuerungen der Bundeswehr, ihre Soldaten hätten von dem Inhalt der Pakete nichts gewusst, mögen die Zöllner nicht recht glauben

Nach Angaben der Staatsanwaltschaft in Aurich sind inzwischen 90 Strafbefehle des Zolls bis zu 20.000 Mark wegen Steuerhinterziehung ergangen und von den Schuldigen widerspruchslos akzeptiert worden. In 15 Fällen will die Staatsanwaltschaft Anklage erheben.

Hohe Geldstrafen wegen Steuerhinterziehung

Ein Matrose ist inzwischen zu einer 3.000-Mark-Geldstrafe verurteilt worden. Er hatte im Laufe der Jahre 60.000 Zigaretten geschmuggelt und zwölf Flaschen Schnaps. Vor Gericht erklärte er, die Zigaretten habe er selbst geraucht, der Schnaps sei Botenlohn gewesen. Der auf Ehrsamkeit bedachte Lotsenverein entließ den Mann, als sein Fall mit einer Notiz in der Lokalpresse bedacht wurde.

Bis dahin hatten alle Betroffenen dichtgehalten – Schmuggel ist ohnedies kein Delikt, dessen sich Ostfriesen schämen würden. Früher haben sie davon gelebt. Etwa zu Zeiten der Kontinentalsperre, Anfang des vorigen Jahrhunderts, als sich illegal herangeschiffte englische Waren gewinnbringend in das von Napoleon abgeschottete Europa verfrachten ließen.

Noch heute singen die Kinder auf Borkum zum Nikolaustag ein Lied, in dem ein schmuggelnder englischer Kapitän bedauert wird, der, vom »Franzmann« erwischt, als »Soldatje« auf Schildwache stehen muss. Der Fall der KAPITÄN BLEEKER taugt den Einheimischen denn auch nur für Döntjes. Ein Amtmann auf Borkum: »Hauptsache, der Name unserer Insel wird im ›SPIEGEL‹ genannt.«

Anfang der 80er-Jahre flog ein jahrelang florierender Schmuggel auf dem Lotsenschiff KAPITÄN BLEEKER auf. Die Geschichte schaffte es sogar in den renommierten »Spiegel«.

aus:
DER SPIEGEL 47/1982
vom 22.11.1982, Seite 109

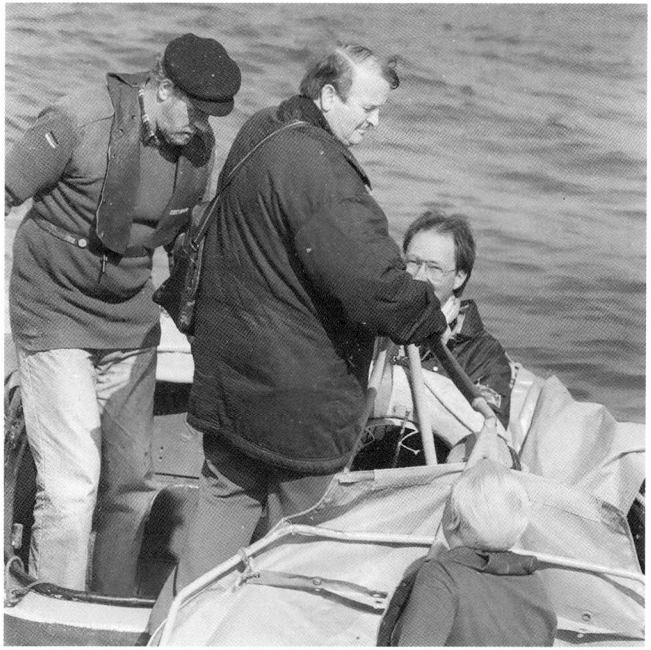

Das Übersetzen mit den kleinen Versetzbooten der alten Stationsschiffe war bei schwerem Wetter nicht ungefährlich.

Nächtliches Stillleben im Emder Hafen:
das Stationsschiff Kapitän Bleeker (li.) im Schwimmdock der damaligen »Thyssen Nordseewerke« beim »Klassemachen«.

»Im Knast ist mehr Freiraum«

Jeden zweiten Dienstag im Monat das wiederkehrende Ritual: Am obersten Fenster des Reihenhauses ist der Blick auf den Emder Hafen am besten. Gesucht wird ein ganz bestimmter Mast, der von rechts nach links wandert und dem geübten Betrachter vermittelt, dass »er« jetzt da ist. »Er« ist zweifacher Familienvater und darf in wenigen Minuten seinen zweiwöchigen Freitörn genießen.

»Er« ist auch Koch auf dem Lotsenschiff KAPITÄN BLEEKER und hat vor einigen Stunden die Töpfe und Pfannen an den Kollegen übergeben, der nun zwei Wochen auf Seeposition »Westerems« – der Eingangstür zum Emder Hafen und der Ems – seinen Dienst tun wird. Er gehört zu 16 Männern auf dem schwimmenden Hotel, das als Versetzbahnhof ein- und ausgehende Lotsen beherbergt.

Pünktlich gegen 17 Uhr macht der Tonnenleger GUSTAV MEYER des Wasser- und Schifffahrtsamtes Emden am »Tonnenhof« fest. Am Kai warten Ehefrauen, Kinder und auch der Zoll auf die Ankömmlinge. Die Herren in Grün kontrollieren Taschen, ob deren Inhalt mit den Zollgesetzen in Einklang ist. Oftmals waren sie es nicht, und die nachträgliche Berechnung der Mehrwertsteuer verhagelte den Erwischten die Freiwache. Oftmals ging das »Katz-und-Maus-Spiel« auch gut aus, und der Seemann durfte sich über günstige Mitbringsel aus der zollfreien Zone freuen.

Kontrolle bei Ankunft

Wer es ohne Kontrolle über die Gangway schafft, war in Freiheit – jedenfalls für die nächsten 14 Tage. Viele Besatzungsmitglieder verglichen den zweiwöchigen Dienst auf

Einen Pott Kaffee in der Freiwache. Die FREYA zieht vorbei.

unten:
Lotsenschiff KAPITÄN BLEEKER auf Seeposition nahe der Insel Borkum im Nordwesten. Große Autotransporter fahren regelmäßig den Emder Hafen an.

dem Schiff mit »Knast«. Wenig Platz für Privatsphäre und Abwechslung – und auch wenig Platz, um Kollegen aus dem Weg zu gehen. Die 16 Männer auf der BLEEKER kennen sich so gut wie ihre Ehefrauen. Sie kennen die Charaktereigenschaften, Vorlieben und Probleme aller an Bord. Streitereien, Frotzeleien oder Krach kommen in jeder guten Ehe vor. Wohl dem, der nun 14 Tage nicht an das Schiff, an den Job und an die karge Kammer im Bauch des Schiffes denkt.

Der Alltag an Land muss neu erlernt werden. Seemänner sind überall nur Gast, selbst in der eigenen Familie. Das Leben mit den Kindern, der Ehefrau und die tägliche Routine müssen sich einspielen. Nach ein paar Tagen ist man zu Hause »angekommen« und wieder Teil der Familie. Nach einer Woche hat man Schiff, Probleme, Einsamkeit und Heimweh vergessen.

14 Tage auf engstem Raum

Es gibt nicht viele Möglichkeiten, sich auf einem Lotsenschiff aus dem Weg zu gehen. Meist ist es die eigene Kammer, um sich zurückzuziehen oder die Zeit totzuschlagen. Eine Möglichkeit der Freizeitgestaltung sind Kartenspiele in der Kammer des Kochsmaates. Zigarettenrauch wabert schwer durch den kargen Raum. Auf dem Tisch: klebrige Spielkarten, Schnaps und ein paar Pfennige, um die gespielt wird. Nebenan in der Mannschaftsmesse der Fernseher. Am Heck stehen Kollegen und werfen Angeln aus, um der Nordsee einige Makrelen zu entlocken. Manchmal hängt sogar ein kleiner Grundhai an der Angel. Freitags gibt es traditionell Fisch an Bord.

Vier Stunden Arbeit, acht Stunden frei

Der Dienst auf der BLEEKER ist geregelt: vier Stunden Arbeit, acht Stunden frei. Der Koch ist öfter und früher im Dienst. Aber was heißt schon »frei« auf einer Nussschale in der Nordsee? Das Nichtstun zer-

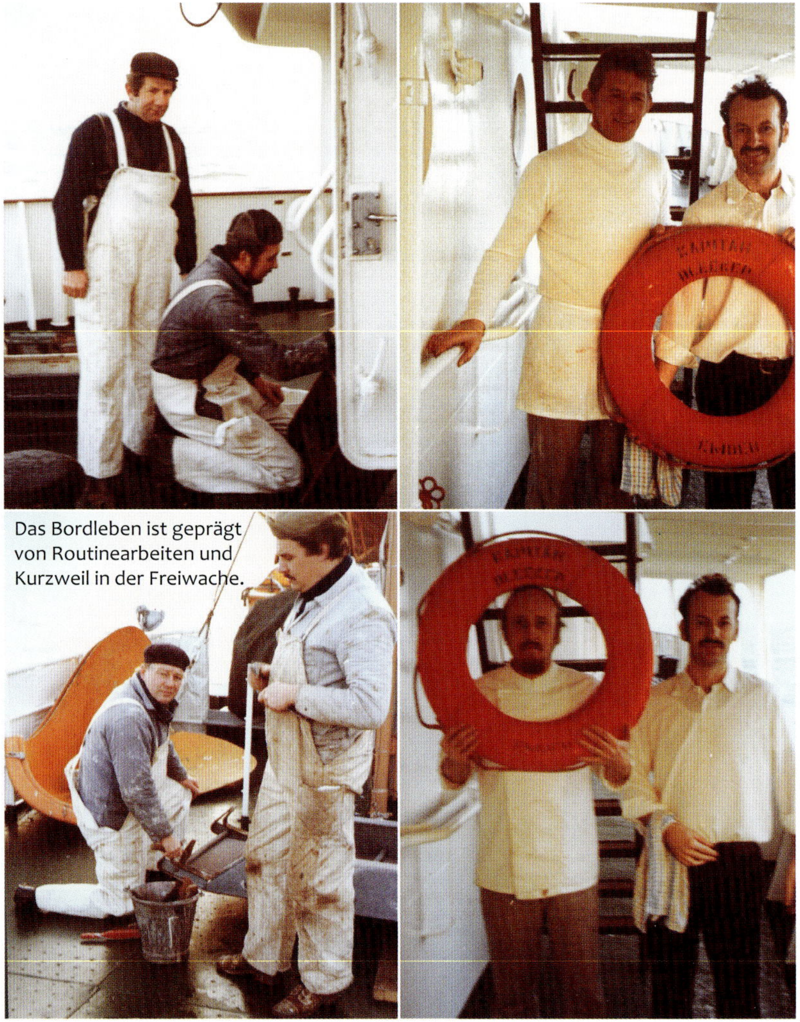

Das Bordleben ist geprägt von Routinearbeiten und Kurzweil in der Freiwache.

mürbt die Männer. Fernsehen und Kreuzworträtsel sind die einzige Abwechslung. An Schlaf ist nicht zu denken, wenn bei Schlechtwetter das Schiff auf den Wellen tanzt. In der Kombüse rutschen die Kochtöpfe von einer auf die andere Seite, die Becher klappern im Schrank. Und bei »dicker Suppe« ertönt ständig das Nebelhorn. Die Wände des Schiffes sind dünn wie Pappe und extrem hellhörig. Den Lotsen geht es kaum besser: Sie nächtigen entweder im Mannschaftsschlafsaal mit 24 Doppelkojen oder im »Hotel zur Schraube«, kleinen 4er-Kammern im Heck des Schiffes. Wenn nicht das Schnarchen der Kollegen den Lärm des Diesels übertönt, so ist es das Plätschern des Kielwassers an der Außenhaut, das einem den Schlaf raubt. Man beschäftigt sich so lange mit irgendwelchen Dingen, bis man todmüde in die Koje sinkt und allein aus Erschöpfung in den Schlaf fällt.

In den Ferien sind die Kinder der Seemänner an Bord. Sie genießen ihre freien Tage mit Angeln, Sonnen und Schwimmen, wenn bei gutem Wetter eine Runde um das Schiff für Abwechslung sorgt.

Das alles ist lange her: Die KAPITÄN BLEEKER ist ausgemustert. Der Koch ist vor 30 Jahren gestorben. Der Junge ist erwachsen und besucht seinen Vater nun am Grab. Das Schiff ist zu seinem Verhängnis geworden.

Heute ist alles moderner

Die Lotsen an der Ems fahren heute von der Landstation zu ihren Kunden. Die Männer-WG an Land ist zwar nicht weniger »Gefängnis«, aber immerhin kein schaukelndes Hotel. Mit dem Speedboot geht es rasend schnell über die Nordsee zum nächsten Ausholen.

Auf den Stationsschiffen an Elbe und Weser sind die Kammern für Mannschaft und Lotsen komfortabler – verfügen über TV, WC und Internet. Das Handynetz reicht bis auf die hohe See. In der Freiwache gibt es Fitness oder Sauna an Bord. Das Kartenspiel findet im Internet statt und heißt nun »Solitaire«. E-Mail und soziale »Chatrooms« gehören zur Freizeitbeschäftigung und sichern den Kontakt zur Außenwelt und zur Familie. Alkohol ist tabu. Sowieso ist man lieber für sich. Einzelkabinen gibt es nun für jeden an Bord.

Geblieben ist der sichere Job in einem Gewerbe, das es wohl weitere hundert Jahre geben wird. Lotsen gibt es so lange, wie Menschen zur See fahren.

Das Revier fest im Blick auf der Brücke der KAPITÄN BLEEKER.

Speedboot FRYA kommt näher. Bevor das neue Versetzsystem an der Ems eingeführt wurde, testete die Besatzung in Zusammenarbeit mit der KAPITÄN BLEEKER das Übersetzen der Lotsen.

Die viel befahrene, künstliche Wasserstraße verbindet die Ostsee mit der Nordsee. Die knapp 100 Kilometer lange Strecke wird jährlich von knapp 30.000 Schiffen genutzt. Neben dem Lotsen navigieren erfahrene Kanalsteuerer die Schiffe auf dem engen Fahrwasser.

DER NORD-OSTSEE-KANAL

Hochbetrieb auf dem Kanal

In der Lotsenstation Brunsbüttel ist es hektisch an diesem Sonntagmorgen. Telefon und Funk liefern ein Stimmengewirr, das nur der Eingeweihte auseinanderhalten kann. Da wird schon mal der Hörer nach dem Gruß aus der Hand gelegt, weil gleichzeitig auf der zweiten und dritten Leitung gesprochen wird und der Mann am Funk auch noch etwas mitzuteilen hat. Stress pur. Die Station am Deich ist nicht nur für die Elbe zuständig, sondern auch für die Schiffe, die durch den Kanal wollen.

Ein besonderer Kanal: der Nord-Ostsee-Kanal, die künstliche Wasserstraße mit dem weltweit höchsten Verkehrsaufkommen. Enger als der Suez, viel befahren wie kein anderer. 30.000 Schiffe nutzen pro Jahr den Wasserweg zwischen Brunsbüttel und Kiel, der wegen seiner geringen Breite, der noch geringeren Tiefe und einiger nautischer Raffinessen nicht einfach zu passieren ist.

Den Job der sicheren Überfahrt teilen sich deshalb auch drei erfahrene Männer. Neben dem Lotsen kommen ein bis zwei Kanalsteuerer an Bord. Das System ist einzigartig auf deutschen Wasserstraßen. Im Normalfall nimmt der Steuermann die Kursangaben des Lotsen entgegen. Auf dem NOK sitzt der Kanalsteuerer am Ruder. Offiziell gehört er während der Überfahrt zur Mannschaft. Der Lotse ist Berater des Kapitäns und nimmt eine Sonderstellung ein. Steuerer sind erfahrene Nautiker, die wie die Lotsen jahrelang zur See gefahren sind. Sie kennen jede Kurve, jede Weiche und jeden Baum auf dem Kanal. Sie wissen um seine Besonderheiten bei Schlechtwetter, bei Nebel und dann, wenn sich Schiffe entgegenkommen und sprichwörtlich nur eine Handbreit Wasser zwischen ihnen bleibt. Die Anspannung ist groß, besonders dann, wenn keiner etwas sieht. Dann, wenn der Nebel nicht nur die eigene Sicht versperrt, sondern auch Entgegenkommer auf die Zuverlässigkeit von Radar und Funkunterstützung hoffen. Das Radarbild ist für den Laien so gut lesbar wie das Ultraschallbild vor einer Gallenoperation. Der Job lässt keinen Spielraum für Fehler – jeder Fehler wird gnadenlos bestraft.

Eröffnung: 21.6.1895
Länge: 98,6 Kilometer
Brücken: 10
Wasserbreite: 162 Meter, stellenweise 102,5 Meter
Breite der Sohle: 90 Meter, stellenweise 44 Meter
Wassertiefe: 11 Meter
Schleusen: Die älteren Schleusen haben eine Länge von 125 Metern und sind 22 Meter breit, eine Schleusung dauert 30 Minuten. Die neueren Schleusen sind 310 Meter lang und 42 Meter breit, hier dauert eine Schleusung 45 Minuten. Passagen: 25.900 pro Jahr; mit Teilstrecken 33.500 (2011)
Fahrzeit für Schiffe: etwa acht Stunden
Streckenvorteil: Bremen—Kiel: um Skagen/Dänemark herum: 602 Seemeilen, durch den Kanal: 169 Seemeilen

Einzigartig wie der Kanal selbst: die Rendsburger Hochbrücke mit der Schwebefähre. Das Stahlbauwerk wurde 1911 errichtet und gilt immer noch als eine technische Meisterleistung.

Mit Lasern wird die Schiffshöhe gemessen

Die Schleuse in Brunsbüttel ist der Dreh- und Angelpunkt. In der Zentrale laufen alle Drähte zusammen. Die Nautiker an den Radarkonsolen bestimmen, welche Schiffe freie Fahrt haben, welche in den elf Haltebuchten – den Weichen – warten müssen und wer überhaupt den Kanal durchfahren darf. Peinlich genau wachen die Männer darüber, dass die Schiffe eine Höhe von 40 Metern nicht überbieten. Die zahlreichen Brücken sind nicht höher als 42 Meter, eine Kollision hätte fatale Folgen. Mit einem Laser wird der Abstand von der Wasserlinie bis zur Antennenspitze gemessen.

Ein italienischer Kapitän wurde vor Jahren nervös, als laut Messung sein Schiff zu hoch war. In den Plänen des Neubaus stand ein Gardemaß von 38 Metern Höhe. Was der Kapitän nicht wusste: Entgegen den Plänen verpassten Werftarbeiter dem Schiff einen anderen Mast. Somit war es höher als erlaubt. Kurzerhand flexten Matrosen die Antenne ab. Was nicht passt, wird passend gemacht. »Nicht auszudenken, wenn er die erste Brücke passiert hätte«, sagt Kanalsteuerer Wolfgang Bode.

Lotsen fahren bis Rüsterbergen

Erster Lotsenwechsel in der Schleuse. Zwei Steuerer und der Kanallotse lösen den Kollegen ab, der die Maersk Arkansas in die Schleuse manövriert hat. Einer der Steuerer setzt sich an das Ruder, der Kollege hat Pause. Im Gegensatz zum Lotsen bleiben Steuerer die ganze Passage, etwa 100 Kilometer, an Bord. In der Mitte der Strecke wird der Lotse gewechselt. 235 Lotsen und 140 Steuerer teilen

Erste Kontaktaufnahme auf der Elbe vor den Kanalschleusen in Brunsbüttel. Der Lotse geht an Bord und geleitet die MAERSK ARKANSAS in die Doppelschleuse. Bei ruhiger See ein entspanntes Arbeiten.

Blick von der Hochbrücke Holtenau auf die Nock eines Containerschiffes (o.). Rechts ein Tankschiff in der Schleuse Brunsbüttel. Das Gebäude in der Mitte der Schleuse ist die Zentrale für die Lenkung des Verkehrs auf dem Kanal. Hier sitzen die Nautiker und wachen über die knapp 100 Kilometer lange Wasserstraße.
Eisgang auf dem Kanal erschwert die Fahrt ungemein (u. li.). Telefonpause auf dem Anker während der Überfahrt (u. re.). Fotos (2): Wolfgang Bode

sich die Bört – ein Turnover-Prinzip, bei dem jeder nach getaner Arbeit an das Ende der Liste rutscht und langsam – je nach Verkehrsaufkommen – nach oben steigt. In Spitzenzeiten werden 130 lotsenpflichtige Schiffe pro Tag mit Nautikern besetzt.

Entenfamilie auf dem Kanal

Meist liegen vier bis fünf Schiffe gleichzeitig in der Schleuse. Sie bilden für die nächsten sechs bis acht Stunden einen Konvoi und fahren als Entenfamilie hintereinander her. Je nach Größe, Ladung und Tiefgang werden Schiffe in sechs Stufen eingruppiert. Danach entscheidet sich, wer freie Fahrt hat und auch, was der Reeder für die Steuerberater berappen muss. Lotsen- und steuererpflichtig sind Schiffe, die 115 Meter Länge und 15,5 Meter Breite übersteigen.

Wolfgang Bode hat es sich auf der Brücke gemütlich gemacht. Moderne Steuerhäuser gleichen Flugzeugcockpits. Zwischen Schalttafeln, unzähligen Knöpfen, Skalen, Radarkonsolen und Schaltern befindet sich ein kleiner Pin. Nicht größer als eine Zigarettenschachtel ist er es, der in den nächsten Stunden die Schlüsselrolle an Bord übernimmt. Ein Steuerrad sucht man vergebens. Der »Pitch« steht in direkter Verbindung mit dem Ruderblatt. Der Fahrthebel ist fest in der Hand des Lotsen. Beide verstehen sich ohne Worte, kennen die Besonderheiten des Kanals und wissen vorsichtig mit ihrem Werkzeug umzugehen. Keine hektischen Manöver, keine schnelle Fahrt – Vorausdenken und Ruhe sind ihr Handwerkszeug. Mit Besonnenheit, Professionalität und Erfahrung lotsen sie Millionenwerte sicher von A nach B.

Entgegenkommer auf dem Kanal. Zwischen den Schiffen ist extrem wenig Platz (o.).
Der »Alptraum« eines Lotsen und des Steuerers ist die enge Kanzel eines Schleppverbandes.
Auf engstem Raum müssen sie das Schiff navigieren. Dabei sitzt der Lotse auf einem Schemel.
Kaffee wird mit einer Seilwinde hochgezogen. Im Hochsommer wird es in der »Büchse«
bis zu 40 Grad heiß.

oben:
Das Übersetzen auf den Tender ist und bleibt »knifflig« trotz moderner Überstiegsmöglichkeiten (li.).

In der Lotsenstation Brunsbüttel wird der Schiffsverkehr für die Elbe und für die Einfahrt zum Kanal geregelt (re.).

unten:
»Handwerkszeug« auf der Brücke:
Tee und Zigaretten
Bild: Wolfgang Bode

Wartezeit auf dem Lotsenversetzer KAPITÄN JÜRS vor der Schleuse in Brunsbüttel (re.).

Der Arbeitsplatz der Kanalsteuerer
für sechs bis zehn Stunden.
Modernste Technik unterstützt
die schwierig zu befahrene Strecke
zwischen Brunsbüttel und Kiel.

Hohes Verkehrsaufkommen in der Kieler Schleuse. Meist fahren Schiffe, die gemeinsam die Schleuse nutzen, als »Paket« weiter den Kanal entlang. Größe und Länge der Schiffe werden in sechs Gruppen eingeteilt.

Schiffe, wohin das Auge reicht

Nicht jeder Kapitän hat die nötige Ruhe, um Lotse und Steuerern blind zu vertrauen. So nahe wie hier kommen sich Schiffe für gewöhnlich nicht. Wo das Auge hinschaut: Schiffe. Vorne und hinten, seitlich der Gegenverkehr oder die Böschung. Dazwischen Freizeitskipper, die mit Mut zur Lücke riskante Manöver durch die Boliden fahren. Nichts für schwache Nerven, wenn überall Schiffe zum Greifen nah sind.

Alle und alles müssen sie im Auge behalten, dabei den Überblick und die Ruhe bewahren. Kapitäne, die zum ersten Mal durch den Kanal fahren, gilt es zu beruhigen. Vor allem, wenn sie nur gebrochen der englischen Seefahrtsprache mächtig und sowieso mit den Nerven zu Fuß sind, weil ihnen die stürmische Nordseepassage noch in den Knochen steckt oder weil der Reeder gerade gefaxt hat, dass der Vertrag nicht verlängert wird. Wenn dann auf der Brücke diese und die unterschiedlichen Charaktere der Akteure und Nationalitäten zusammentreffen, wird es hektisch. Ein Inder, so erzählt Bode, rannte von einer Brückenseite zur anderen und fluchte wie ein Rohrspatz, dass sie verloren seien. Das ginge niemals gut: »Grande Katastrophe«, Mord und Zeter. Auch Besatzungsmitglieder werden nervös. Einer raunzte den Steuerer an, der sich eine Zigarette zur Beruhigung anzündete: »No smoking.« Bode drehte sich um und empfahl, er könne gern selbst das Ruder übernehmen: Ruhe auf der Brücke.

Der Kanal ist keine »Kaffeefahrt«

Erfahrene Kollegen wissen, dass sie sich auf die Lotsen und Steuerer verlassen können. Sie geben gern das Ruder aus der Hand oder verlassen gleich die Brücke, um Schlaf der letzten Nacht nachzuholen. Die Passage hat ihre Qualitäten. Bei gutem Wetter eine »Kaffeefahrt«. Wabert der Nebel über die Aufbauten, wird es gefährlich. Die heikelste Stelle auf dem Kanal: An der Levensauer Hochbrücke tauchen Entgegenkommer aus dem Nichts auf. Immer dann, wenn die Radarschatten beider Brücken das Schiff verschlucken. Und plötzlich ist es da. »Gut, wenn man darauf vorbereitet ist«, sagt Bode augenzwinkernd.

Die Zentrale in der Schleuse Brunsbüttel. Hier messen die Nautiker auch die Höhe der Schiffe, damit es keine bösen Überraschungen mit den 42 Meter hohen Brücken auf dem Kanal gibt. Mit einem Ampelsystem wird der Verkehr von hier gelenkt.

Konzentration auf der Brücke der Maersk Arkansas:
Kanalsteuerer Wolfgang Bode am Ruder, Lotse Michael Stumpp hat das Radargerät fest im Blick. Beide verlassen sich blind aufeinander.
Die Schiffe kommen sich ziemlich nahe auf dem Kanal, wenn sie sich begegnen.

Gutes Essen hält Leib und Seele zusammen

Auf der Brücke werden auch heute nicht viele Worte verschwendet. Kapitän Pat Cunningham sitzt – wie es sich für einen richtigen Ami gehört – in seinem Stuhl, kaut lässig Kaugummi und schaut entspannt dem Treiben zu. Seine Maersk Arkansas ist häufig Gast im Kanal. Er schaut sich die Landschaft an. So viele freie Flächen und kein Golfplatz, wundert es den Ami. Das würde es in Boston, da wo er herkommt, nicht geben.

Zeit zum Essen. In der Kombüse brutzeln tellergroße Steaks auf dem Herd. Bode hat heute Glück: Das Essen bei den Amis ist zwar immer fett und deftig, aber gut. Es gibt Schiffe, auf denen man sich das Essen lieber verkneift. Ist das Deck schmutzig, das Schiff in schlechtem Zustand, lässt man lieber das Essen links liegen. Zur Not hat der Steuerer Obst dabei.

Geld und Zeit sind die Gründe für den Kanal

Wolfgang Bode war schon öfter auf diesem Schiff, das wegen seiner knapp 155 Meter zu den größeren Kanalgästen gehört. Meist fahren Schiffe durch den Kanal, wenn das Wetter um Dänemark zu schlecht ist oder weil der Spritpreis gerade einen Spurt nach oben gemacht hat. Zeit und Geld haben für den Kanal die größte Bedeutung. Vor

Die zehn Brücken auf dem Kanal sind mindestens 42 Meter hoch. Trotzdem wird es manchmal eng, wenn die Antennenspitzen die Unterkonstruktion »kitzeln«.

Nächtlicher Besuch auf dem Kanal:
das Passagierschiff ASTOR.

einhundert Jahren war es nicht anders. Kaiser Wilhelm II. ließ ihn bauen, um seine Kriegsflotte schneller von der Nordsee in die Ostsee verlegen zu können. Es dauerte nicht lange, bis sich die zivile Schifffahrt für den NOK interessierte. Bei Rendsburg ist noch ein Relikt aus dieser Epoche zu sehen. Eine Entmagnetisierungsanlage sollte Kriegsschiffe für das feindliche Radar unsichtbar machen. Das Holzgerippe steht immer noch da, Kriegsschiffe sieht man auf dem Kanal selten.

Gefährlich nahe kommen sich die Schiffe in den zahlreichen Weichen.

Warten in einer der elf Weichen

An der ersten Weiche wird es spannend. Vor der MAERSK fahren zwei Schiffe, hinter ihr eines. Alle müssen an der Steuerbordseite warten, um den Gegenverkehr vorbeizulassen. Mit rotierender Schraube, die Propellerblätter auf Nullstellung, muss der Lotse das Schiff festhalten. Das dauert, und der Lotse ist sauer, weil es ihn getroffen hat. Er ahnt Böses. Die nächsten Weichen gehören auch ihm. Mitunter dauert eine Zwangspause bis zu 45 Minuten, Kapitän Cunningham schaut angespannt.

Ein Ampelsystem in den Weichen regelt, wer warten muss. Wolfgang Bode hat nun Zeit für eine Zigarette. »Die Krise in der Schifffahrt«, sagt er, »ist allgegenwärtig. Die Schiffe sind nur mit wenigen Containern beladen. Wenn die Russen nicht so viel kaufen würden, sähe es düster aus.« Wie hoch sich die Boxen an Deck stapeln, sei ein Indikator für die Weltwirtschaft. Reichen sie bis zur Brücke, brummt es.

Immer wieder kommen Segler den großen Pötten zu nahe, sind kaum zu sehen, werden von der Bordwand verdeckt. »Lebensmüde«, sagt Bode, als ein Skipper sich zwischen den Schiffen hindurchschlängelt. Nicht selten kommt es dabei zu gefährlichen Situationen. Der jugendliche Skipper schaut ehrfurchtsvoll in Richtung Brücke. Gefahr ist überall.

Ein Ruderausfall, und der Verkehr kommt zum Erliegen. Wenn ein Schiff querab in der Rinne liegt, »dann gute Nacht«, sagt Bode. Kommt vor, wenn auch selten. Wenn etwas passiert, kracht es richtig. Meist sind es Verkettungen unglücklicher Umstände wie Nebel, Dunkelheit, Unachtsamkeit, technische Ausfälle, gefährliche Ladung oder gleich alles zusammen.

Die Lürssen-Werft in Rendsburg. In den Docks liegen Luxusschiffe der Superklasse. Ein Traum auch für jeden Lotsen.

unten:
Ungewöhnliche Fracht auf dem Kanal: ein Schiffsbauteil für eine Werft. Verladen auf einem Ponton, gezogen von einem Schlepper.

Entgegenkommern spät ausweichen

Es ist nicht der Gegenverkehr, der die Route so pikant macht. »Daran kommt man immer vorbei«, sagt Bode. Reine Physik: zwei Schiffe auf Kollisionskurs. Erst im letzten Moment weichen sie einander aus, den Rest übernimmt der Wasserdruck, der sich zwischen den Bordwänden aufbaut. Er drückt die Schiffe auseinander.

Bei zu viel Abstand passiert genau das Gegenteil. Der Druck drängt die Schiffe zu früh weg und meist in die Böschung. Das ist zwar jedem Seemann bekannt, doch für gewöhnlich sind sie die Weite der Weltmeere gewohnt. Intuitiv würden sie in sicherem Abstand einem Entgegenkommer ausweichen – der Anfang der Katastrophe: »Deshalb gibt es uns«, sagt Bode.

Für den Lotsen ist die Fahrt vorbei

Lotsenwechsel in Rüsterbergen bei Kanalkilometer 55. Das knallrote Versetzboot kommt längsseits der MAERSK. Für kurze Zeit hat Lotse Michael Stumpp Pause. Wann und welches Schiff er für die Rücktour nach Brunsbüttel bekommt, weiß er nicht. Die Strecke bis zur Lotsenstation hat wegen der ganzen Stopps schon acht Stunden gedauert. Gegen zwei Uhr in der Früh wird er wieder an seiner Station sein.

Wenn es dicke kommt, steht er ab Mittag wieder auf einer anderen Brücke. Das geht knapp vier Monate so, dann ist ein Monat frei. Nicht selten wird die Mindestpause von sechs Stunden zwischen zwei Jobs leicht unterboten. Lotse und Steuerer auf dem Kanal sind harte Jobs – nicht nur wegen der Arbeitszeiten.

VISION

Die Verschnaufpause in Rüsterbergen dauert nur kurz. Das nächste Paket aus Schiffen ist in Sichtweite. Stumpps Rückfahrtticket heißts Reinbek – ein Container-Feeder mittlerer Größe und wegen seiner deutschen Herkunft beliebt. »Made in Germany« spüre man an jeder Schraube und jeder Türzarge, sagen die Nautiker: »Da klappert nichts.«

Inneneinrichtung und technische Anlagen sind vorbildlich – ein guter Arbeitsplatz für die nächsten Stunden. Schon oft haben Kollegen bei Technik und Ausstattung böse Überraschungen erlebt. Ruderausfälle oder schlechte Manövrierfähigkeit sind ein Alptraum für Lotsen und Steuerer.

Neuerdings sind viele Schiffe in schlechtem Zustand. An der Pflege werde gespart – gerade in schlechten Zeiten. Auf der Reinbek befindet sich das Steuerhaus im 13. Stock: »Da braucht man ein Sauerstoffzelt, wenn man oben angekommen ist.« Der Kollege kommt Stumpp auf halber Strecke entgegen. Der Mann ist genervt. »Ich habe heute schon Sachen erlebt, da kann man ein Buch darüber schreiben.« Kanallotsen erleben einiges.

Kurz vor der Holtenauer Schleuse ist auch der Job für Steuerer Bode erledigt. Der Lotse schiebt den Frachter bedächtig an die Kaimauer, als Bode und sein Kollege ihre Taschen umhängen und die Treppen nach unten steigen. Wenn sie Glück haben, reicht es für ein paar Stunden Pause, einen Becher starken Kaffee, vielleicht eine Dusche oder ein Magazin. Lange sollte es nicht dauern. Die Kollegen haben schon die nächsten Kunden ausgemacht, die am Kieler Leuchtturm vorbei die Schleusen anvisieren. Vielleicht wird es ein schönes, neues Schiff. Besser noch eines der wenigen Passagierschiffe: Bode: »Da gibt es gutes Essen.«

links:

Die Rendsburger Hochbrücke, ein Koloss aus Stahl.

Ein Relikt aus vergangenen Tagen:
die Entmagnetisierungsanlage bei Rendsburg.

unten:

Lotsenwechsel auf halber Strecke in Rüsterbergen (li.), Container sind das Geschäft der Schiffe auf dem NOK, zahlreiche Fähren queren den Kanal (re.).

oben:
Anfang oder Ende der Kanaltour:
die Holtenauer Schleuse in Kiel, der Lotse
geht in Rüsterbergen von Bord,
ein Kollege kommt (re.).

unten:
Romantische Blicke neben dem Kanal (li.),
Lotse und Kanalsteuerer gehen von Bord –
bis zum nächsten Job.

oben:
Die kleine Fähre an der Holtenauer Schleuse ermöglicht einen schönen Blick auf den Kanal.

Die COSTA PACIFICA im Kieler Hafen. Luxusliner und Fähren gehören hier zum Tagesgeschäft.

unten:
Fähren befördern Autos und Personen von der einen auf die andere Kanalseite – kostenlos.

Kurz vor dem Festmachen in der Holtenauer Schleuse: der Container-Feeder REINBEK.

Doch noch ein Stück Romantik am Kanal. Nicht nur bei Kapitänen und Reedern ist der NOK beliebt. Für Touristen und Schiffsfans ist er ein Kleinod. Mit dem Rad kann man neben dem Kanal entlangfahren. Ein besonderes Erlebnis.

DAS GESPRÄCH

Kapt. Dr. Christian Subklew, Vizepräsident der Bundeslotsenkammer

Sind Seelotsen heutzutage unverzichtbar?

Ein Gespräch mit dem Vizepräsidenten der Bundeslotsenkammer, Kapitän Dr. Christian Subklew.

»Seelotse ist, wer nach behördlicher Zulassung berufsmäßig auf Seeschiffffahrtsstraßen außerhalb der Häfen oder über See Schiffe als orts- und schifffahrtskundiger Berater geleitet …« So heißt es wörtlich im deutschen Seelotsgesetz. Der Rat der Seelotsen ist gefragt in den engen Fahrwassern vor der Küste und in den Flussmündungen von Nord- und Ostsee sowie im Zu- und Ablauf deutscher Häfen. Der Einzugsbereich reicht von Emden bis Stralsund sowie von Flensburg bis Bremen. Lotsen geleiten die Seeschiffe durch Untiefen, beraten die Schiffsführung bei Nebel, Sturm und Eisgang. Sie sind dort tätig, wo sich der Schiffsverkehr ballt und sich damit die Gefahr von Unfällen vergrößert.

Die Seelotsen arbeiten im Auftrag des Bundes. Sie sehen sich in erster Linie der Sicherheit der Schifffahrt, der Leichtigkeit des Verkehrs und dem Schutz der Umwelt verpflichtet. Erst an zweiter Stelle rangiert die betriebswirtschaftliche Dienstleistung an das Schiff. Laut Gesetz sind alle rund 750 deutschen Seelotsen freiberuflich im Einsatz. Somit kann der einzelne Lotse seine Entscheidungen frei von wirtschaftlichem Druck fällen. Dabei erfüllen Lotsen durch ihre Einbindung in das Sicherheitskonzept für die deutschen Küsten eine öffentliche Aufgabe. Ihr Beruf ist daher staatlich gebunden.

Auf der Grundlage des Seelotsgesetzes gibt es sieben Lotsreviere: Emden, Weser I, Weser II/Jade, Elbe, Nord-Ostsee-Kanal I, Nord-Ostsee-Kanal II /Kiel/Lübeck/Flensburg und Wismar/Rostock/Stralsund. In den Revieren haben sich die Seelotsen in Brüderschaften zusammengeschlossen. Sie organisieren die ständige Verfügbarkeit der Lotsen im Rahmen einer jahrhundertealten Selbstverwaltungsaufgabe. Die Seelotsen arbeiten in Bremerhaven und Hamburg eng mit den Hafenlotsen zusammen. Die Seelotsenbrüderschaften, Körperschaften des öffentlichen Rechts, bilden die Bundeslotsenkammer.

1. *Welche Eigenschaften prägen das Berufsbild der Seelotsen, und in welcher Weise betrifft ihre Arbeit den Küsten- und Umweltschutz?*

Erfahrungen, Einsatzbereitschaft, Entscheidungsfreudigkeit, Teamgeist, Zuverlässigkeit und Verantwortungsbewusstsein sind die Eingangsvoraussetzungen für unseren

Beruf. Hinzu kommen im Rahmen der Ausbildung eine Fülle spezieller Kenntnisse in der Manöverkunde und den Manövriereigenschaften der unterschiedlichsten Schiffstypen, verbunden mit den Besonderheiten des jeweiligen Seelotsreviers und seiner speziellen Vorschriften.

All dies sind herausragende Merkmale unseres Berufes. Der Gesetzgeber verlangt von uns, als wichtigem Teil des Verkehrssicherungssystems, die optimale Sicherheit für Mensch und Umwelt in unseren Seelotsrevieren, aber auch die Bewahrung des freien ungestörten Zuganges zu und von unseren Häfen für alle Verkehrsteilnehmer des nassen Elements. Der Eigentümer und Betreiber von Schiff und Ladung erhält zudem die größtmögliche Sicherheit für seine Crew und seine Sachwerte durch hoch qualifizierte Spezialisten.

Der Lotse ist also nicht nur Navigator, sondern ein Vertreter des Staates in Bezug auf die nationalen Verkehrsvorschriften, wodurch Kollisionen und Grundberührungen vermieden werden sollen.

Den ausbildenden Reedereien, den Fachhochschulen und den Aufsichtsbehörden verdanken wir die notwendige Eingangsqualität der Bewerber für den Beruf des Seelotsen. Qualität, die sich nach der umfangreichen Ausbildung in allen Stufen des Werdegangs schließlich durch das umfassende Verständnis für die Belange aller Beteiligten, an Bord wie an Land, auszeichnet.

2. Wie ist die physische und psychische Belastung der Seelotsen einzuschätzen?

Physisch gesehen insofern, als wir häufig bei Sturm und hohem Seegang auf den Lotsenbooten kräftig durchgeschüttelt werden und der ganze Körper zugleich dagegen »arbeiten« muss. Das Klettern auf einer neun Meter langen Lotsentreppe an einer nassen Bordwand erfordert uneingeschränkte Gesundheit, Kraft und Geschicklichkeit. Dazu manchmal noch ein schweißtreibender Fußmarsch durch zig Decks bis auf die Brücke, wonach man sofort präsent sein muss.

Durch die Entwicklung immer größerer Containerschiffe verändern sich auch die Windangriffsfläche und das Abdriftverhalten, was bei schlechtem Wetter das Versetzen und die Arbeit der Kollegen zusätzlich erschwert. Die Seeberufsgenossenschaft ordnet den Lotsendienst nicht

Ein Bild mit Seltenheitswert: das Lotsenschiff KAPITÄN KÖNIG auf dem Weg von Bremerhaven zur Außenposition. Mittlerweile ist dieser Schiffstyp größtenteils ausgemustert.

Bremerhaven, der Dreh- und Angelpunkt im Containerverkehr. An der Weser machen die ganz großen Containerschiffe fest.

umsonst als »gefahrengeneigte Tätigkeit« ein. Im Winter bei Eis und Schnee sowie bei Nacht und Nebel wird das besonders deutlich. Manch ein Kollege verlor dabei sogar sein Leben. Im psychischen Bereich nervt das Warten auf den Abruf. Man weiß nie, wann der nächste Anruf kommt und was für ein Schiff da auf einen zukommt. Darunter sind leider auch Schiffe, mit denen ich nicht raus auf See fahren würde.

Das alles vor dem Hintergrund von 263 Arbeitstagen im Jahr mit einem ständigen Dienst- und Bereitschaftssystem – 24 Stunden am Tag und natürlich auch an Sonn- und Feiertagen bei fluktuierender Schifffahrt. Die zunehmende Bedeutung der »Just-in-Time«-Abfertigung der Containerschiffe ist eine technologische Herausforderung für Kapitäne und Lotsen. Die personellen Engpässe bei den einzelnen Brüderschaften können zurzeit nur durch Überarbeit der Kollegen ausgeglichen werden.

3. *Braucht die Seefahrt trotz modernster Navigationstechnik noch Lotsen?*

Ja! Satellitennavigation und elektronische Seekarten sind zwar für die Positionsbestimmung sehr genau, und es lassen sich damit auch anhand gesteuerter Kurse und Geschwindigkeiten gewisse Vorausberechnungen anstellen, aber diese unterliegen permanent äußeren Einflüssen wie Wind und Strom sowie Konstruktions-, Steuer- und Manövriereigenschaften eines Schiffes.

Insofern ist der vorausschauend tätige Lotse in engen Fahrwassern nach wie vor unersetzlich.

Nautisch – wissenschaftlich ist dies auch nach wie vor unstrittig. Unsere Arbeit ist primär am öffentlich-rechtlichen Interesse der Verkehrssicherheit und dem Umweltschutz auf den Bundeswasserstraßen orientiert. Der Dienstleistungsstatus für die Seehäfen ist eine nachgeordnete, wenn auch zweifellos wichtige Funktion unserer Arbeit.

Wir sind uns national sowie international darin einig, dass das Lotswesen nicht zur Wettbewerbsmasse verkommen darf. So etwas würde die fachlichen Anforderungskriterien drücken und ein Gefährdungspotenzial für Verkehrssicherheit und Umweltschutz produzieren. Die verantwortungsvollen Kapitäne der internationalen Schifffahrt verzichten in den nautisch schwierigen und ökologisch sensiblen Gewässern nicht gerne auf einen qualifizierten Lotsen, sondern begrüßen aufgrund des herrschenden wirtschaftlichen Entscheidungsdrucks die Lotsenannahmepflicht, schon alleine, um für diesen Zeitraum einen zusätzlichen nautischen Fachmann auf der Brücke zu haben. Trotz moderner Navigationsmittel ist der Lotse das entscheidende Kriterium an Bord, und er bleibt auch weiterhin das wichtigste Sicherheitselement vor Ort, um das Risiko von Seeunfällen zu minimieren.

Obwohl sich die Größe der zu lotsenden Schiffe in den deutschen Küstengewässern während der letzten 20 Jahre praktisch verdoppelt hat, ist die Unfallrate in den Lotsrevieren auf ein absolutes Minimum gesunken (0,002 Prozent im Jahr). Um den hohen Sicherheitsstandard in Zukunft auch zu gewährleisten, bleibt der unabhängige Status von revierkundigen und erfahrenen Seelotsen unverzichtbar. Ihn zu erhalten, sieht die Bundeslotsenkammer als vorrangiges Ziel ihrer Aktivitäten auf nationaler, europäischer und internationaler Ebene an.

4. Wie wollen die Bundeslotsenkammer und die Lotsenbrüderschaften den permanenten Nachwuchssorgen begegnen?

Die letzten Jahre sind von der sich abzeichnenden Gefahr für die ständige Verfügbarkeit qualifizierter Lotsen für das deutsche Verkehrssicherungssystem durch einen dramatischen Nachwuchsmangel geprägt gewesen. Das historische Auf und Ab im Personalmanagement der deutschen Seeschifffahrt ist an sich nichts Neues. Kunstgriffe, wie die Herabsetzung der Qualifikation durch »STCW 95« oder wie damals »A5/2«, können den derzeitigen Personalbedarf an Bord und an Land nicht mehr decken. Seit 1990 ist dieser Trend unübersehbar in diversen Studien belegt worden.

Heute fehlen über 16.000 Schiffsführungskräfte; für das Jahr 2015 wird ein weiterer Bedarf von über 46.000 prognostiziert. Diesem Trend gilt es gemeinsam mit allen Beteiligten entgegenzuwirken. Der rasante Aufwärtstrend im Bereich Schifffahrt bietet den jungen Menschen eine gute Zukunftsperspektive mit einer hervorragenden Ausbildung im Primärbereich. Im Sekundärbereich bieten sich weitere attraktive Berufe. Die derzeitige durchschnittliche Verweildauer von nur 4,7 Jahren für Patentinhaber in der Seeschifffahrt ist – gemessen an der langen Ausbildungszeit – nur kurz. Seefahrt ist in seiner Urform kein typischer Beruf mehr bis zum Erreichen des Rentenalters. Die beruflichen Um- und Neuorientierung wird zunehmend von Lebenspartner und Kindern stark beeinflusst.

Die Nachwuchssorgen gerade bei uns Lotsen liegen meines Erachtens in der nicht planbaren Freizeit, der völlig unregelmäßigen Arbeitszeit, die vorwiegend in den Nachtstunden geleistet wird, und in der relativ langen Seefahrtszeit vor der Bewerbung. Während anderen Sekundärbereichen, wie Wasserschutzpolizei, Zoll, Wasser- und Schifffahrtsverwaltung, nur das ausgefahrene Patent genügt, benötigt ein Seelotsenanwärter für seine Zulassung noch eine weitere Erfahrungsseefahrtzeit von mindestens zwei Jahren.

Damit uns die Kollegen, die nach dem Erwerb des Kapitänspatentes nicht mehr zur See fahren wollen, nicht alle an die »Mitbewerber« verloren gehen, wurde ein alternativer Zugangsweg eingeführt, bei welchem die zweijährige Erfahrungszeit durch eine sechsmonatige Grundausbildung kompensiert wird. In dieser Zeit lernen die zukünftigen Seelotsenanwärter vor allem das praktische Fahren und Manövrieren, was durch eine Prüfung zum Abschluss belegt wird. Am Nord-Ostsee-Kanal wurden mit diesem alternativen Zugangsweg durchweg sehr gute Erfahrungen gemacht.

Da aber auch dieser Weg bald nicht mehr ausreichen wird, um genügend Nachwuchs zu gewinnen, setzt die Bundeslotsenkammer auch auf andere Projekte, wie beispielsweise einen Masterstudiengang »Pilotage«. Es bleibt jedoch festzuhalten, dass diese Maßnahmen erst in einigen Jahren zu einer Entspannung der Nachwuchssituation führen können. In allen Revieren muss heute von den Kollegen eine erhebliche Überarbeit geleistet werden, um den Zulauf der internationalen Schifffahrt ohne Zeitverlust zu den boomenden deutschen Seehäfen sicherzustellen.

Riesengroße Autotransporter gehören zur Kundschaft der Emder Lotsen. Bei starken Seitenwinden wirken die Bordwände wie Segel. Nicht einfach, die »Schuhkartons« an die Kaimauer zu drücken. Ohne Schlepperhilfe geht gar nichts.

LOTSEN AUF DEM FLUSS

»Der soll man erst da liegen bleiben, wir kommen dahin«, quäkt es aus dem Funkgerät: »SHUSHENSKOJE, this is Ems-Pilot. Hold your Position, we come«, sagt der Funker in der Emder Lotsenstation. Wenig später besteigt Lotse Siegfried Janshen das kleine Versetzboot KNOCK im Emder Außenhafen.

Bootsführer Tammen startet die Motoren, und mit schneller Fahrt nimmt das wendige Boot Kurs auf den Frachter. Janshen ist einer von 34 Lotsen im Ems-Revier zwischen Borkum und Papenburg und muss in wenigen Minuten den russischen Frachter SHUSHENSKOJE auf seiner Fahrt zum Leeraner Hafen begleiten. Das Frachtschiff aus St. Petersburg liegt beim Radarturm auf Reede. In der letzten Nacht kam es von See und musste wegen des Nebels eine Zwangspause einlegen. Mit dem heutigen Hochwasser geht die Reise ins Binnenland weiter. »Ein Kollege hatte das Schiff gestern vom Lotsenschiff KAPITÄN BLEEKER bis zur Reede begleitet – dann war Schluss«, sagt Janshen.

Die Emder Lotsen bringen ihre Kunden auch auf dem schmalen Kanal »Ems« bis nach Papenburg. Die dort ansässige Meyer Werft liefert bis zu drei Luxusliner pro Jahr ab. Die Brüderschaft »Weser I« berät Kapitäne mit Ziel Bremen oder den Weserhäfen.

Unter der Wasseroberfläche lauern die Gefahren: Riffs, Buhnen, Sandbänke und Strömungen. Hinzu kommen starke Winde, die das Navigieren und Lenken eines Schiffes erschweren. So geschehen, als das deutsche Küstenmotorschiff NORDLAND I an einem Sturmtag im Februar 2011 auf den Borkumer Strand gedrückt wurde. Die Bergungsversuche gestalteten sich schwierig, da sich der Rumpf des Kümos fest in den Sand gedrückt hat. Bergungsfachleute berieten sogar, das Schiff in Einzelteile zu zerlegen, um es zu bergen. Dieses Beispiel zeigt, wie tückisch das Seegebiet sein kann. Gut zu wissen, dass dann erfahrene Seeleute und Kapitäne bereitstehen, um den Schiffen den rechten Weg zu weisen. Zahllose Wracks an der deutschen Nord- und Ostseeküsten zeigen deutlich, dass das Revier eines der meistbefahrenenen und eines der gefährlichsten ist. Etwa 2.500 (2012) sollen es sein. Nicht nur untergegangene Schiffe, sondern auch große Felsen, Container oder Anker liegen auf dem Meeresboden.

Auch diese Fundstücke muss der Lotse kennen, wenn sie zu dicht an die Fahrrinne gelangen. Und nicht nur das: Ganze Aktenordner umfasst die Menge der Gesetze, Verordnungen und Vorschriften, die der Lotse kennen muss. Angefangen von der Seeschifffahrtsordnung über das Handelsgesetz bis zu Quarantänevorschriften – »Sie wissen ja: Gelbe Fahne für Pest an Bord«, witzelt der Lotse.

Die Strecke vom Radarturm bis nach Leer ist wegen der engen Fahrrinne, vieler Biegungen und Verengungen sowie Querströmungen und starkem Wind ein gefährliches Terrain. Die Fahrrinne ist mit roten und grünen Tonnen wie Leitpfähle markiert. Nachts senden sie Leuchtzeichen aus. Jede Tonne hat eine eigene Kombination aus Blinksignalen. Der Lotse kennt sie auswendig und weiß, auf welcher Position sich das Schiff befindet, obwohl er nur die Leuchtzeichen sieht. Wenn nicht, sind die Blinkzeichen auch in der Seekarte vermerkt.

Die Wassertiefe auf der Ems ändert sich fortlaufend. Der Blick des Lotsen wandert vom Radar zum Tiefenmesser über den Ruderstandsanzeiger zurück zur Seekarte. Die Informationen für die Navigation sind vielfältig. Alles im Blick zu haben und trotzdem die richtigen Entscheidungen zu treffen, das ist der Job eines Lotsen. Nur zu meistern, wenn er weiß, wie sich das Schiff bewegt, wenn Wind, Wetter, Seegang und die technischen Anlagen an Bord den Kurs bestimmen.

Hoch qualifizierte Spezialisten

Ihr Seegebiet kennen die Lotsen wie ihre Westentasche. Der Lotse braucht nicht mehr als ein Funkgerät, seinen technischen Sachverstand, das Gespür für Wind und Wetter und das Wissen, wie sich Schiffe auf dem Wasser verhalten. Alles zusammen passt in eine Umhängetasche. Denn auch einer der letzten Handgriffe an Bord ist das Überwerfen des Schultergurtes, bevor der Lotse das Schiff verlässt.

In der Lotsenstation stehen heute die Telefone nicht still. Schiffsmakler erkundigen sich nach ihren einlaufenden Schiffen oder bestellen den Lotsen für die Emspassage. Zoll, Hafenarzt und Wasserschutz wollen wissen, wer Emden anläuft. Schiffsausrüster rufen an, welche Schiffe sich angemeldet haben, um Proviant aufzunehmen.

Luxusliner auf der schmalen Ems

Eine Besonderheit für die ostfriesischen Lotsen sind die Überführungen der Neubauten, die bei der Meyer Werft im emsländischen Papenburg entstehen. Der kleinen Ort liegt im Binnenland, 30 Kilometer vom offenen Meer entfernt. Die Schiffe werden auf der Ems nach Emden und zur Nordsee verholt. Für die Lotsen eine Aufgabe, die sie seit Jahren meistern. Ein Team von vier bis sechs Lotsen besetzt dabei die wichtigsten Punkte auf dem Schiff, um alles und vor allem den Fluss im Blick zu haben. Meist bleibt ihnen nur eine Handbreit Wasser zwischen Schiff und Ufer.

Ein großer Moment für die Lotsen an der Ems – und für die ganze Region, wenn einer der Ozeanriesen überführt wird. Im Bild die AIDAMAR der Rostocker AIDA-Reederei.

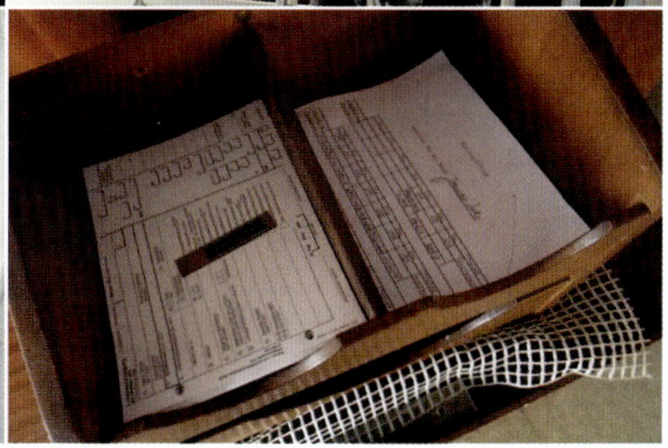

oben:
Das Leben an Bord: Schablonen für die Beschriftung von Rettungsringen (Kommodore Ruser, li.). Pinsel in Reih und Glied, die Messe auf der Kapitän Bleeker mit einem Bild des Emder Rathauses (re.)

Mitte und unten:
Der Lotse kommt an Bord eines kleinen Kümos, der im Leeraner Hafen seine Ladung löschen will (li.), Verschnaufpausen an Deck, Konservendosen erleben ihre endgültige Verwendung als Farbdosen (oder als Aschenbecher), Auftragszettel der Lotsen.

Große Schiffe sind in Emden an der Tagesordnung. Das dortige Volkswagenwerk verschifft über den kleinen Hafen seine Fahrzeuge. Hier »treffen« ein »Schuhkarton« und ein AIDA-Luxusliner aufeinander.

Enge Schleusen, noch engere Brückendurchfahrten und das Emssperrwerk in Gandersum lassen die Arbeit der Nautiker nicht langweilig werden. Wie lange es noch so gehen wird, ist fraglich. Die heute schon über 300 Meter langen Schiffe sollen zukünftig noch länger werden. Wie und wie lange der Fluss das aushält, bleibt die große Preisfrage.

Der Lotse ist mittlerweile in Leer von Bord gegangen. Ein kurzes »Tschüß und gute Reise«, und der Job ist erledigt. Die SHUSHENSKOJE wird zwei Tage in Leer bleiben, ihre Ölsaat löschen und sich dann wieder auf den Weg nach Russland machen. Dann beginnt das Spiel von vorn: das gleiche Schiff, ein anderer Lotse.

Der Lotse muss allerdings nicht in Leer bleiben und auf eine Rückfahrgelegenheit warten. Er besteigt den Zug nach Emden auf die herkömmliche Art. Die Staufirma beginnt mit dem Entladen der Fracht, und die Besatzung greift zu Aftershave und Panade. Ein kurzer Landgang sollte drin sein.

Von Geestemünde bis nach Bremen

Das Lotsgebiet der Weser ist in zwei Brüderschaften aufgeteilt. Eine der Gruppen ist für das Seegebiet vor Bremerhaven zuständig (»Weser II«), die Kollegen der Brüderschaft »Weser I« betreuen die Schiffe, die weserabwärts nach Bremen oder zu den kleinen Häfen entlang der Weser (Nordenham oder Brake) möchten. Die 33 Seemeilen von Geestemünde bis zur Hansestadt Bremen betreuen 37 Kollegen. Die Unterweser ist ein besonders enges und kurvenreiches Revier. Durch die geringe Solltiefe finden die meisten Beratungen im Tidenbereich statt, wenn den Schiffen genug Platz unter dem Kiel bleibt. Die Lotsen der Brüderschaft »Weser I« übernehmen auch die Funktion der Hafenlotsen, somit wird nicht noch einmal der Lotse kurz vor Bremen gewechselt.

Auch Marineschiffe gehören zur Kundschaft der ostfriesischen Lotsen. Im Bild die Fregatte EMDEN.

Schemenhaft ist das Schiff in der Dunkelheit zu erkennen, das versetzt werden soll. Die Lotsentreppe ist bereits ausgelegt. Das Versetzschiff kommt langsam näher.

Mehrmals am Tag werden Lotsen mit dem Hubschrauber auf Schiffe in der Deutschen Bucht versetzt. Meist dann, wenn das Wetter die Lotsenschiffe in den sicheren Hafen zwingt. Die Firma »Wiking« in Sande leistet die Versetzung seit vielen Jahren.

Sicher abgesetzt: Der Lotse geht aus dem Gefahrenbereich des Hubschraubers. Sein nächster Gang ist der Weg zur Brücke. Bei großen Schiffen wie der SPARTO ein langer Fußmarsch. Ende der Versetzung: die Piloten zurück in Sande (links), der Bordmechaniker öffnet die Tür zum Landen. Er seilt den Lotsen auf das Schiff ab (re.).

VERSETZUNG MIT DEM HUBSCHRAUBER

»Wir landen nur zum Tanken«

Mit dem Hubschrauber werden Seelotsen in den Revieren Weser/Jade, Elbe und Ems auf Seeschiffe versetzt. Immer dann, wenn bei starkem Seegang das zu lotsende Schiff nicht mehr mit den modernen Swath-Schiffen erreicht werden kann oder ein sicheres Umsteigen nicht möglich ist. Auch bei Havarien in Nord- und Ostsee fordert die Wasser- und Schifffahrtsverwaltung (WSA) den Helikopter an. Seit vielen Jahren übernimmt die Firma »Wiking« mit ihrer Basis in Wilhelmshaven diesen Dienst.

Durchschnittlich zwei bis drei Mal pro Tag starten die Lotsen mit Luftunterstützung. Wenn jedoch das Wetter zu schlecht ist, fliegt der Hubschrauber rund um die Uhr und bleibt nur zum Tanken länger am Boden. Das Schiffsaufkommen an Jade, Weser und Elbe ist sehr groß. Die ganz großen Schiffe – wie Öltanker, die Wilhelmshaven anlaufen – bekommen weit vor den Lotsenschiffen ihre Nautiker, damit sie sicher an ihr Ziel kommen. Die Versetzposition ist mit dem Hubschrauber in einer halben Stunde erreicht, ein Schiff würde mehrere Stunden brauchen – je nach Wetterlage.

Je nach Schiffsgröße und Möglichkeit wird der Lotse entweder abgesetzt oder er muss abgeseilt werden.

Anflug auf den Tanker SPARTO (Zypern) in der Deutschen Bucht. Das knapp 250 Meter lange Schiff wiegt voll beladen 115.000 Tonnen und ist auf dem Weg nach Wilhelmshaven. Eine Lotsung macht hungrig: Vor dem Absetzen stärken sich die Nautiker mit süßen Leckereien (links). Für »Notfälle« ist immer eine Kühlbox im Hubschrauber, um den Zuckerhaushalt aufzustocken. Lotse »Hajo« Salge sicher abgesetzt auf dem Weg zur Brücke.

SINGENDE LOTSEN AM KANAL

Der Lotsenchor »Knurrhahn«, Kiel

Der Alltag der Lotsen auf dem Kanal ist lang und stressreich. Etwa 30.000 Schiffe durchfahren pro Jahr den künstlichen Kanal zwischen Brunsbüttel und Kiel. Feierabende und freie Tage sind so unvorhersehbar wie die Wetteraussichten der nächsten 24 Stunden. Doch wenn Lotsen einmal frei haben, stehen sie mindestens dem Gesangschor »Knurrhahn« stimmlich zur Verfügung. Fast alle Kollegen der Lotsenbrüderschaft »Kiel-Holtenau« gehören ihm an. Schließlich liegt die Gründung des Chors, der nach einem Fisch benannt wurde, der mittels seiner Schwimmblase knurrige Geräusche hervorbringen kann, 83 Jahre zurück. Es war jener Februar im Jahre 1929, als die Ostsee zugefroren und der Schiffsverkehr zum Erliegen kam. In der Lotsenwartehalle in Kiel-Holtenau machte sich Langeweile breit, bis einer ein Liederbuch aus der Tasche zog und eins der Shantys anstimmte. Der Lotsenchor war geboren. Shantys handeln bekanntlich vom harten, aber auch romantischen Leben auf See unter Segeln. Noch heute gibt es im Chor die ehrwürdigen Kap-Horniers, einer Zunft altgedienter Kapitäne, die während ihrer Segelschiffsausbildung auch um das Kap Horn gefahren sind – jener Landspitze Südamerikas, die bei Seefahrern berüchtigt und gleichermaßen gefürchtet ist. Wie viele Schiffe dort auf dem Meeresgrund liegen, kann nur geschätzt werden. Experten gehen von über 800 Schiffen aus, die mit 10.000 Seeleuten untergingen. Heute ist die ehemalige Lotsenhalle – sie heißt jetzt Restaurant »Fördeblick« – immer noch Treffpunkt für die allwöchentlichen Gesangsabende. Irgendeiner der Sangesbrüder steht während der Proben auf Kommandobrücken, doch dem stimmgewaltigen Chor kann das nichts anhaben. Die Lotsenbrüderschaft zählt 140 Nautiker, einen sangesmächtigen Chor kriegt man allemal zusammen.

Der Chor will auch sozialer Bezugspunkt für die Männer sein. Keine andere Gemeinschaft hat mehr Verständnis für die unstetige Teilnahme am Vereinsleben als der Chor selbst. Umso wichtiger ist es, dass sich der Verein als Bindeglied zwischen dem Job, der Lotsenbrüderschaft und der Freizeit versteht. Mit dem maritimen Liedgut präsentiert der Verein das Leben der Lotsen und gibt Einblick in einen Berufszweig, der meist hinter den Kulissen stattfindet.

»LET'S HAVE A SONG, BOYS«

Der Lotsenchor »Hamburg«

Auch in Hamburg verbringen die Lotsen ihre Freizeit mit dem Singen alten maritimen Liedguts. Der Hamburger Lotsenchor ist seit 1996 aktiv und zählt 35 Mitglieder, die entweder als Kapitäne auf großer Fahrt oder als Lotsen tätig waren oder noch sind. Gemeinsam verbinden sie die Liebe zum Beruf mit der Sangeskunst alter Shantys. Jedoch soll die Ernsthaftigkeit dieser Musiksparte nicht von Seefahrerromantik und falscher Rührseligkeit überschattet werden.

Die gestandenen Seeleute legen Wert darauf, dass das Leben auf den Segelschiffen des 19. Jahrhunderts keine Vergnügungsfahrt war. Ein Seemannsleben war damals hart, kurz und entbehrungsreich. Shantys sind Arbeits- und Freizeitliedgut, das oftmals eingesetzt wurde, um die Produktivität an Deck zu steigern. »Let's have a Song, Boys« war die Aufforderung des »Alten«, mit der Stimmgewalt mehr Spaß in die Arbeit zu bringen. So ist es auch zu verstehen, dass viele Lieder unterschiedliche Texte haben. Der Fantasie der damaligen Sänger waren keine Grenzen gesetzt. Und so entstanden neue Strophen und Texte, die nicht oder nur teilweise weitergetragen oder übermittelt wurden.

In deutscher Sprache – meist Plattdeutsch – gibt es wenige Lieder, wissen die Sänger. Seinerzeit gab es mehr Schiffe mit englischen und amerikanischen Wurzeln als deutsche, deren Flotte siebenmal kleiner war als die der Nachbarn. Auch auf den Schiffen der deutschen Anrainer wurde in englischer Sprache gesungen.

Europameisterschaft der Lotsen

Wo Sangeskunst nicht fehlen darf, ist der Fußballsport auch nicht weit. Und das sogar auf internationaler Ebene. Die jährlich stattfindende »Europameisterschaft« der Lotsen zog 2012 über 330 Kollegen auf das Feld. Der Wettbewerb hat lange Tradition, im Jahr 2012 konnten die »Weser-Ems-Lotsen« das Spiel gegen das Team des Nord-Ostsee-Kanals für sich bestimmen. Dabei waren die Kollegen aus Rotterdam (Niederlanden) klarer Favorit. Sie waren es, die den Pokal zuvor drei Jahre mit nach Hause nehmen durften.

Austragungsort war das Mutterland des Fußballs, England. Zeitgleich feierte die Queen ihr Thronjubiläum. 2013 ist Livorno (Italien) Austragungsort der Meisterschaft, an der wieder Lotsen aus ganz Europa teilnehmen. Nahezu jede Brüderschaft stellt dafür eine Mannschaft auf. Sind nicht genug Spieler in den eigenen Reihen, werden Spielgemeinschaften zweier Brüderschaften gebildet.

Bundeslotsenkammer:	www.bundeslotsenkammer.de
Lotsenbrüderschaften:	
Emden | Ems:	www.emspilots.de
Weser I, Weser-Kanal:	www.weserriverpilot.com
Weser II | Jade:	www.weserjadepilot.de
Elbe:	www.elbe-pilot.de
Nord-Ostsee-Kanal I:	www.pilotservices.de
Nord-Ostsee-Kanal II:	www.kielpilot.de
Wismar, Rostock, Stralsund:	www.wismar-rostock-stralsund-pilots.de
Hafenlotsen Hamburg:	www.hamburg-pilot.de
Hafenlotsen Bremerhaven:	www.bremerhavenpilot.de
Bundesverband der See- und Hafenlotsen:	www.bshl.de
Wasser- und Schifffahrtsdirektion:	www.wsd-nordwest.de www.wsd-nord.wsv.de
Havariekommando:	www.havariekommando.de
Schulen:	
Hochschule Bremen:	www.hs-bremen.de
Seefahrt-Schule Cuxhaven:	www.seefahrtschule.de
Seefahrtschule Leer:	www.hs-emden-leer.de
Seefahrtschule Wismar:	www.sf.hs-wismar.de
Fachhochschule Flensburg:	www.fh-flensburg.de
Fortbildungszentrum Hamburg:	www.fzh.de

Das Lotsenversetzschiff ELBE in der Nacht.

Im Gedenken an meinen Vater.

DANKE

Ohne die vielen Mitwirkenden wäre dieses Buch nicht zustande gekommen. Ich danke den Lotsen, Kanalsteuerern, den Besatzungen auf den Schiffen, den Ältermännern in den Lotsenstationen und den zahlreichen Helfern und Beteiligten.

PILOT
PILOT